BAKING
WITH RICE
EVERY DAY

초판	2025년 11월 22일
지은이	라이스컴퍼니 이화영
펴낸이	조영주
펴낸 곳	도서출판 종이학
주소	인천광역시 서구 당하동 청마로 134번길 17-2
이메일	jongihak11@naver.com
전화번호	0505-290-3570
팩스번호	0505-290-3571
등록번호	제2017-000005호
ISBN	979-11-971222-5-5
디자인	디자인 종이학
레시피 사진	이화영 (레시피 외 사진 : Whisk, pexels, 챗 GPT)
인쇄·제본	도담프린팅
정가	값 19,800원

BAKING
WITH RICE
EVERY DAY

오늘도, 쌀로 굽습니다

이화영 지음

도서출판
종이학

글루텐프리 베이킹에 대한 수요가 증가하면서 쌀가루를 활용한 디저트에 관심을 갖는 분들이 늘어나고 있습니다. 하지만 여전히 "쌀가루로는 맛있는 디저트를 만들기 어렵다"는 편견이 존재합니다. 그래서 저는 오랜 베이킹 경험과 쌀가루 연구를 바탕으로, 이러한 고정관념을 깨뜨릴 수 있는 방법들을 제시하고자 합니다.

쌀가루는 밀가루와는 완전히 다른 베이킹 재료입니다. 글루텐이 없어 반죽의 결합력이 약하다는 단점이 있지만, 오히려 이를 활용하면 밀가루로는 구현할 수 없는 독특한 식감과 풍미를 만들어낼 수 있습니다. 따라서 밀가루 베이킹과는 전혀 다른 접근이 필요하며, 쌀가루의 종류별 특성을 정확히 이해해야만 원하는 결과를 얻을 수 있습니다.

첫 책《처음 만나는 쌀베이킹》출간 이후, 쌀베이킹에 대한 관심이 크게 증가했음을 확인할 수 있었습니다. 독자분들로부터 "만들어 보니 정말 맛있다", "아이들이 정말 좋아한다"는 구체적인 피드백을 받았고, 경기도에서 주최하는 제 2회 전국 쌀베이킹 콘테스트에서 대상을 수상하며, 쌀가루를 사용한 베이킹 기술의 완성도도 인정받았습니다.

이번 책에서는 쌀가루의 종류별 특징과 접근법을 상세히 설명합니다. **박력 쌀가루, 습식 쌀가루, 가루쌀(가루미), 3개 챕터로 나누어 쌀가루의 종류에 따른 기술적 노하우를 알기 쉽게 정리했습니다. 또한 전문가용 오븐이 아닌 가정용 소형 오븐으로 구워내는 완성도 높은 레시피들로 구성**하여, 쌀 디저트가 더 많은 가정에서 손쉽게 자리 잡기를 바랐습니다.

마들렌, 티라미수, 마카롱, 브라우니, 치즈케이크 등 **생활 속에서 친근한 디저트**를 중심으로 선별하였고, **쌀가루로도 충분히 조화롭고 균형 잡힌 맛을 낼 수 있다는 것**을 보여드리고자 했습니다.

이 책을 통해 쌀가루의 특성을 잘 이해하고, 더 다양한 글루텐프리 디저트에 적용할 수 있기를 기대합니다. 또한 글루텐을 피해야 하는 분들에게는 안심하고 즐길 수 있는 달콤한 선택지가 되기를, 새로운 베이킹에 도전하고 싶은 분들에게는 쌀의 놀라운 가능성을 경험하는 계기가 되기를 바랍니다.

앞으로도 저는 쌀을 통해 더 넓은 세상과 연결되고 싶습니다. 쌀을 기반으로 한 건강한 베이킹 문화가 한국을 넘어 세계로 뻗어 나가기를 바라며, 이 책이 그 여정의 또 하나의 이정표가 되기를 희망합니다.

이 책을 선택해 주신 모든 분들께 진심으로 감사드립니다.

라이스컴퍼니 이화영

Table of Contents

디저트 이야기
The Sweet Story Behind

스페셜 레시피
Special Recipe

01   *Light & Tender*

가볍고 섬세한 맛,
박력 쌀가루 디저트

02 *Moist & Chewy*

쫀득함과 밀도 있는 식감,
습식 쌀가루 디저트

03 *Smooth & Mellow*

한층 더 부드러운 맛,
가루쌀(가루미) 디저트

1. 쌀가루의 종류와 특징

쌀을 베이킹에 적합하도록 만드는 일반적인 과정
은 "도정 → 선별 → 세척 → 침지 → 분쇄 → 1, 2차 분류"
작업으로 이루어집니다.

건식 제분이 가능한 밀가루에 비해 과정이 복잡하
고, 세척도 여러 번에 걸쳐 진행해야 하므로 시간과
비용이 많이 소요됩니다.

이러한 과정을 거쳐 생산된 쌀가루는 미세하고 고운
입자가 되어 베이킹에 적합한 상태가 됩니다.

**쌀가루는 소화가 잘되고 우수한 단백질을 포함하
고 있어 영양학적으로 우수**하지만, 밀가루나 다른
곡물에 비해 노화 속도가 빠르고, 이로 인해 부드러
운 식감을 **오래 유지하기 어려워 유통기한이 짧아
질 수 있습니다.**

박력 쌀가루

세척, 침지, 분쇄 등 전통적인 제조 방식 그대로 가공
한 뒤 건조시킨 제품으로 제과에 적합한 쌀가루입
니다. 쿠키, 롤케이크, 쉬폰케이크, 카스텔라, 찜케
이크 등 다양한 제과류에 활용할 수 있습니다.

**입자가 균일하여 밀가루의 가공 적성과 가장 유사
하다는 특징이 있습니다.** 단, **글루텐이 전혀 없기
때문에** 반죽의 신장성이나 탄력성이 중요한 제품
에는 원하는 결과물이 나오기 어려울 수 있어 **다른
재료와의 적절한 조합이 중요합니다.**

강력 쌀가루

빵을 만들기 위해서는 기본적으로 글루텐이 필요
하기 때문에, **쌀가루에 활성 글루텐을 첨가하여 가
공한 제품입니다.** 흑미를 이용한 흑미 강력쌀가루
도 있으며, 사용 방법은 동일하지만 밀가루 반죽과
는 발효방법 및 시간 차이가 있을 수 있습니다.

제품에 따라 식물성 유지가 함께 첨가되며, 이를
통해 식감이 더욱 부드러워집니다. 부드러운 식감
과 풍성한 볼륨을 갖춘 식빵류, 하드 계열 빵, 단과자
등에 적합합니다.

중력 쌀가루

밀가루에 비해 보습력이 뛰어나 촉촉함을 오래 유지할 수 있으며, 부드러운 조직감과 우수한 구조력을 가진 것이 특징입니다.

 박력 쌀가루보다 조금 더 촉촉한 결과물을 만들고 싶거나, 약간의 글루텐이 필요한 경우에 사용할 수 있습니다. 케이크 시트 등 촉촉하고 부드러운 빵류에 적합하며, **강력 쌀가루와 박력 쌀가루의 중간 정도 점탄성을 갖고 있다고 이해하면 좋습니다.**

홍국 쌀가루

백미에 홍국균을 배양하여 3~4주에 걸쳐 발효시킨 홍국쌀을 가루로 만든 제품입니다. [백미 90% : 홍국 균사체 10% 함유] 색소를 넣지 않아도 천연의 붉은빛을 띠며, 사용하는 쌀가루 양의 5%만 첨가해도 선명한 색 표현이 가능합니다. **소량만 사용하므로 소포장 제품 활용을 추천합니다.**

 이 책에서는 홍국 쌀가루를 활용한 레시피도 수록되어 있습니다.

가루쌀(가루미)

앞으로 주목해야 할 쌀베이킹 재료로 가루쌀을 소개합니다. 가루쌀은 정부가 지정한 전략 작불 중 하나로, 밀 수입 의존도를 낮추고 미래 식량 안보를 강화하기 위해 개발된 가공용 쌀입니다.

쌀과 밀은 전분 구조에 큰 차이가 있습니다. 밀은 전분 입자가 부드러워 건식 제분이 가능하지만, 일반 쌀은 전분이 단단해 물에 불린 뒤 제분하는 습식 제분 방식이 주로 사용됩니다. 그러나 **가루쌀은 전분 구조를 개량하여 침지 과정 없이도 건식 제분이 가능 하도록 개발되었습니다.**

이로 인해 반복적인 세척 과정에서 발생하는 오폐수(쌀뜨물)가 없어 환경 부담을 줄일 수 있으며 제분 비용도 일반 쌀에 비해 절감됩니다. 또한 **전분 구조가 밀가루와 유사하게 설계되어 제과·제빵에 적합한 가공 특성을 갖추었습니다.**

가루쌀도 '박력'과 '강력'으로 구분되어 판매되고 있으므로, 용도에 맞게 선택해 사용하면 됩니다.

이 책에서는 박력 가루쌀의 특성을 살린 쌀 디저트 레시피를 소개하니, 직접 만들어 보며 그 매력을 경험해 보시기 바랍니다.

습식 멥쌀가루, 습식 찹쌀가루

전분 구조가 단단한 쌀은 바로 사용하기 어려워, 물에 충분히 불린 후 체에 받쳐 물기를 제거하고, 습식 전용 제분기(돌로라)를 사용해 빻습니다. 이 방식은 곱게 가는 것보다 **돌로 압착해 누르는 방식으로, 입자가 고르지 않고 거친 것이 특징입니다.** 이렇게 만든 가루를 체에 걸러 곱게 정리한 뒤, 설탕과 물을 섞어 찜기에 찌면 '설기떡'이 완성됩니다. 설기떡은 주로 멥쌀가루로 만들지만, 보다 쫄깃한 식감을 위해 찹쌀가루를 혼합하기도 합니다.

습식 쌀가루는 입자가 거칠어 균일한 결과물을 얻기 어렵고, 베이킹에서는 활용에 제한이 있습니다. 하지만 첨가물 없이 쌀 자체만으로 제분이 가능하고, 건식 제분과는 다른 촉촉하고 탄력 있는 특유의 식감은 이 가루만의 강점입니다.

가정에서는 고운 베이킹용 쌀가루를 만들기 어렵지만, 불린 쌀을 방앗간에서 빻으면 비교적 손쉽게 습식 쌀가루를 만들 수 있으며, 온라인을 통해서도 구매할 수 있습니다.

이 책에서는 이러한 습식 쌀가루의 특성을 살린 레시피도 함께 소개합니다.

2. 기타 글루텐 프리 가루

타피오카 전분 · 카사바 전분

'카사바(Cassava)'라는 남아메리카산 작물의 뿌리에서 얻은 카사바 전분과 타피오카 전분은 모두 글루텐 프리 가루입니다.

카사바 전분은 뿌리의 껍질을 벗기고 건조한 뒤 그대로 분쇄하여 식이섬유와 비타민이 풍부하게 남아 있습니다. 반면, 타피오카 전분은 카사바 뿌리에서 전분 성분만 추출한 것으로, 영양가는 상대적으로 낮습니다.

과민대장증후군 등 장이 예민한 사람에게는 밀가루의 대안 재료로 활용할 수 있습니다. 다만 글루텐이 없기 때문에, 타피오카 전분이나 카사바 전분만으로는 빵을 만들기 어렵고, **강력분 또는 강력 쌀가루와 혼합하여 촉촉하고 쫄깃한 식감을 줄 때 사용하는 것이 적합합니다.**

이 전분은 열을 가하면 젤화되어 탄력이 생기고 쫀득해지는 특성이 있습니다. **탄수화물 함량은 높지만 당지수는 낮아, 에너지는 풍부하면서도 혈당을 일정하게 유지할 수 있으며,** 무기질과 사포닌 성분도 소량 함유되어 있어 **혈당 관리가 필요한 사람에게 좋은 재료가 될 수 있습니다.**

옥수수 전분

옥수수 전분은 옥수수의 배유 부분에서 추출한 녹말입니다. 여러 전분 중에서도 가장 색이 하얗고 입자가 고와 베이킹과 요리에 널리 사용됩니다.

전분에 물을 넣고 가열하면 호화되어 점성이 생기는데, 옥수수 전분은 감자 전분에 비해 점성은 약하지만, **호화된 상태의 안정성이 뛰어나고 투명도가 좋아 베이킹에 주로 사용됩니다.**

반죽 내부에서 구조력을 높여주는 성질이 있어, **구조력이 약한 쌀가루와 혼합하면 반죽의 힘을 보완할 수 있습니다.**

이 책에서는 쌀가루의 구조력을 높이기 위해 옥수수 전분을 함께 사용한 레시피도 소개하고 있습니다.

아몬드 가루

아몬드 가루는 껍질을 벗긴 아몬드를 곱게 분쇄해 만든 가루로, 고소한 풍미와 촉촉한 식감을 주기 때문에 제과 · 제빵에서 널리 사용됩니다.

전분보다는 지방과 단백질 함량이 높아 반죽에 풍미를 더하고 촉촉함을 오래 유지시켜 주는 역할을 합니다. 머랭쿠키, 피낭시에, 마들렌, 타르트지 등 다양한 구움 과자류에 두루 사용됩니다. **다만 기름기가 많아 산패되기 쉬우므로 냉장 또는 냉동 보관이 필요합니다.**

이 책에서는 쌀가루에 아몬드 가루를 섞어 풍미를 높이거나 촉촉한 식감을 부여하는 레시피도 함께 소개하고 있습니다.

01 ✔

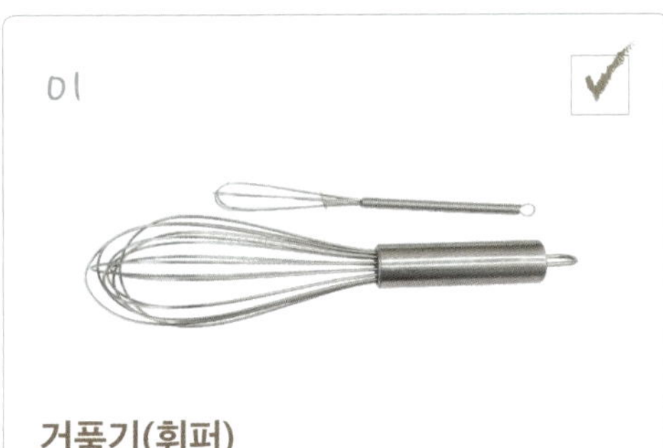

거품기(휘퍼)

가루 재료를 혼합하거나 액상 재료를 섞을 때 사용합니다. 크기별로 다양하게 준비해 두면 작업에 따라 편리하게 사용할 수 있습니다.

02

스테인리스 볼

재료를 섞거나 계량한 재료를 담아놓는 데 사용합니다. 위생적이고 가벼우며, 열탕 소독이 가능해 베이킹에 적합한 도구입니다.

05

스패출러

표면을 고르게 정리하거나 롤케이크 반죽을 팬에 고르게 펼칠 때, 케이크 표면을 아이싱할 때 등 다양한 작업에 사용됩니다. 용도에 따라 크기별로 준비해 두면 좋습니다.

06

주걱

반죽을 혼합하거나 볼 안의 재료를 깔끔하게 긁어낼 때 사용합니다. 사이즈가 다양하므로 용도에 따라 여러 크기를 구비해 두면 유용합니다.

03

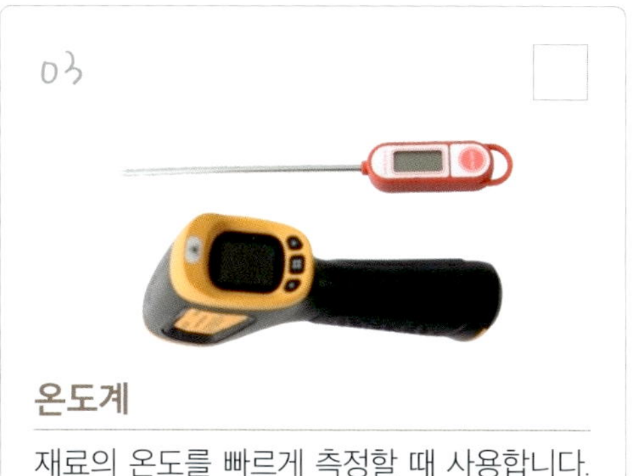

온도계

재료의 온도를 빠르게 측정할 때 사용합니다. 반죽은 1~2℃ 차이에도 민감하게 반응하므로, 빠르고 정확한 측정이 가능한 제품을 선택하는 것이 좋습니다.

04

냄비

재료를 중탕하거나 녹이는 등 다양한 작업에 사용됩니다. 열이 고르게 전달되는 두꺼운 바닥의 스테인리스나 무광 알루미늄 재질이 선호됩니다.

07

밀대

반죽을 균일한 두께로 밀거나 원하는 모양으로 펼칠 때 사용합니다. 플라스틱과 나무 재질이 있으며, 취향이나 작업 특성에 따라 선택할 수 있습니다.

08

체

쌀가루나 밀가루 등 가루 재료를 곱게 걸러줄 때 사용합니다. 망의 크기에 따라 중간체, 고운체 등으로 나뉘며, 사용하는 재료의 입자에 맞게 선택합니다.

09

붓

계란물을 바르거나 반죽에 묻은 가루를 털어 낼 때 사용됩니다. 사용 후에는 깨끗이 씻고, 오븐의 잔열을 이용해 완전히 건조시킨 후 보관 해야 위생적으로 사용할 수 있습니다.

10

빵칼

톱니 모양의 긴 칼로, 부드러운 시트 케이크가 형태를 유지한 채 깔끔하게 잘리도록 도와줍니다. 2호 이상의 대형 시트를 자를 경우를 고려해, 날 길이가 최소 25cm 이상인 제품을 사용하는 것이 좋습니다.

13

스크래퍼

반죽을 자르거나 모을 때 사용하는 도구입니다. 각진 스크래퍼는 반죽을 절단하거나 짤주머니 속 반죽을 깔끔하게 긁어낼 때 적합하며, 둥글고 유연한 곡선형 스크래퍼는 반죽을 모을 때나 마카로나주 작업 시 효과적입니다.

14

각봉

제누아즈 시트나 반죽의 두께를 균일하게 맞출 때 양쪽에 두고 사용합니다. 가벼운 재질보다는 무게감 있는 재질을 선택하면 작업 중 흔들림 없이 안정적으로 사용할 수 있습니다.

11

각종 베이킹 틀

반죽의 형태를 잡고 균일하게 굽기 위해 사용됩니다. 제누아즈 틀, 마들렌 틀, 머핀 틀, 오란다 틀 등이 있으며 즐겨 만드는 디저트를 기준으로 자주 사용하는 사이즈의 기본 틀부터 준비해 두면 좋습니다.

12

핸드믹서

반죽을 휘핑할 때 사용되며, 저속부터 고속까지 속도 조절이 가능한 제품을 선택하면 기포 정리와 휘핑 작업에 유리합니다.

15

저울

주방용 저울은 재료를 정확히 계량할 때 필수적인 도구입니다. 정량이 중요한 베이킹에서는 1g 단위까지 측정 가능한 디지털 저울을 사용하는 것이 좋습니다.

16

오븐

반죽을 굽거나 발효시키는 데 사용합니다. 최근 출시되는 가정용 소형 오븐은 제과·제빵은 물론 발효 기능까지 갖추어, 고가의 전문 오븐과 비교해도 손색이 없습니다. **이 책에 수록된 모든 디저트는 가정용 소형 오븐을 사용했습니다.**

가볍고 섬세한 맛,
박력 쌀가루 디저트

Chapter 01

밀가루와 유사한 식감을 표현할 수 있는
박력 쌀가루 디저트 레시피를 소개합니다.

박력 쌀가루는 입자가 균일하고 매우 고운 질감으로, 뭉침 없이 섬세한 식감을 표현하기에 적합한 재료입니다. 그 덕분에 부드럽고 촉촉한 디저트를 완성할 수 있으며, 밀가루를 대체해 사용했을 때도 맛과 질감이 자연스럽게 어우러집니다. 글루텐이 없어 제과에 특히 적합하며, 쿠키, 롤케이크, 쉬폰케이크, 카스텔라, 찜케이크 등 다양한 디저트에 활용할 수 있습니다.

 이 장에서는 박력 쌀가루의 장점을 살린 디저트 연구 레시피를 소개하고, 글루텐 프리 베이킹의 새로운 가능성을 보여드립니다.

Earl Grey Madeleines

플렉시판	일반 틀
200℃/170℃	180℃
4분 / 9분	13~14분
약 18개 분량	약 16개 분량

은은한 홍차 향이 부드럽게 퍼지는 마들렌입니다. 겉은 바삭하고 속은 폭신해, 잔잔한 여운이 남습니다. 마음을 편안하게 해주는 따뜻한 디저트입니다.

홍차 마들렌

+ Ingredients

버터	150g
설탕	135g
소금	1g
전란	150g
조청(꿀 대체 가능)	15g
박력 쌀가루	150g
베이킹파우더	5g
홍차 파우더	3g
우유	18g

【홍차 글라쎄】

슈거파우더	100g
홍차 우린 물	20g
홍차 가루	1g
홍차 리큐르(생략가능)	10g

> ※ 홍차 우린 물이 없다면 정수를 사용해도 좋아요.

+ Preparation

1 오븐은 200℃로 예열해 주세요.
2 뜨거운 우유에 홍차를 넣고 10분 정도 우린 후 사용해도 좋아요.

> ※ 진한 홍차 맛을 원한다면, 뜨거운 우유 60g + 홍차 가루 3g을 잠시 우린 뒤 밀폐하여 냉장고에서 하룻밤 숙성해 주세요. (사용 시 21g 계량 후 살짝 데워주세요.)

3 깊은 마들렌 틀을 준비해 주세요.

❙ 마들렌 만들기

1 버터를 녹여 두세요. (반죽에 넣을 때는 50℃ 정도로 맞춰 주세요.)

2 전란에 설탕, 소금, 꿀을 넣고 가볍게 섞어 주세요.

3 중탕 볼에 올려 35~40˚C가 되면 볼에서 내려 체 친 가루류를 넣고 섞어 주세요

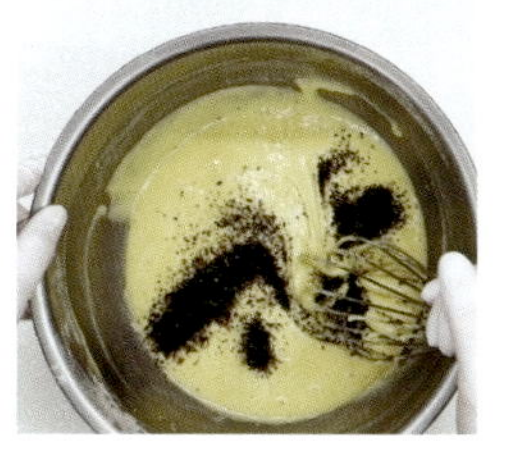   

4 홍차 가루와 우유를 넣고 섞어준 후, 녹여 둔 버터를 넣고 고르게 섞어 주세요.

5 반죽에 밀착되도록 랩을 씌워 냉장에서 8시간 이상 숙성해 주세요.

> **tip** 버터의 온도가 50℃를 넘으면 볼을 얼음물에 잠시 담가 온도를 낮추고, 50℃보다 낮으면 불 위에 잠깐
> 올려 온도를 맞춘 뒤 반죽에 넣어 주세요.

6 숙성된 반죽을 주걱으로 고르게 풀어준 뒤 짤주머니에 담아 팬닝해 주세요. (36g 기준 16개 분량)

7 200℃로 예열한 오븐에서 4분간 굽고, 온도를 170℃로 낮춰 9~10분간 더 구워 주세요.

> **tip** · 플렉시판 사용시 일반 팬이 아닌 그릴 팬 위에 플렉시판을 놓고 팬닝한 후 그대로 오븐에 넣어주세요.
> (플렉시판: 32~34g / 일반틀: 27~28g / 깊은 틀: 36~38g)
> · 일반 마들렌 팬 사용 시에는 180℃에서 10~12분간 / 깊은 마들렌 팬은 12~14분간 구워 주세요.
> (각자의 오븐 사양에 맞춰 온도 조절)

8 구워진 마들렌은 옆으로 돌려 식혀 주세요.
9 완전히 식은 후 홍차 글라세를 앞뒤로 발라 주고, 금박과 수레국화(또는 콘플라워 블루)로 장식해 주세요.

▌홍차 글라세 만들기

1 체 친 슈거파우더에 모든 재료를 넣고 잘 섞어 준비해 주세요.

tip · 농도가 뻑뻑하면 홍차물을 조금씩 넣어가며 농도를 맞추고, 농도가 너무 묽으면 슈거파우더를 조금씩 넣어가며 농도를 맞춰 주세요.

※ 농도가 되직하면 두껍게 발려 당도가 높아지고, 농도가 묽으면 얇게 발리고 당도가 낮게 느껴집니다. 취향에 맞게 농도를 조절해 주세요.

프랑스 시골에서 태어난
작은 케이크 마들렌

마들렌의 기원에는 여러 가지 설이 있지만, 가장 널리 알려진 설은 18세기 프랑스 동북부, "로렌(*Lorraine*) 지방의 콩브르(*Commercy*)"라는 작은 마을로 거슬러 올라갑니다.

전해지는 바에 따르면, 한 귀족의 연회에서 그의 궁정 요리사가 갑작스레 사임하며 후식이 준비되지 않는 일이 벌어졌습니다. 이때 궁정 하녀였던 "마들렌 파르미에(*Madeleine Palmier*)"가 자신이 어릴 적 할머니에게 배운 조개 모양의 케이크를 구워 대접하게 되었는데, 이를 맛본 귀족은 감탄하였고, 이 과자에 그녀의 이름을 붙여 "*Madeleine*"이라 불리게 되었다고 합니다.

성스러운 상징의
조개 모양

또한 일각에서는 마들렌의 조개 모양이 성스러운 상징에서 유래했다고 보기도 합니다.

중세 이후 조개껍데기는 "성 야고보 순례길(*Camino de Santiago*)"을 걷는 순례자들의 상징으로 사용됐는데, 당시 마들렌이라는 이름을 가진 한 요리사가 가리비 틀을 사용하여 작은 브리오슈를 굽기 시작했고, 그것을 산티아고 콤포스텔라(*Santiago de Compostela*) 순례길로 향하는 사람들에게 제공했다고 합니다. 영적 여정과 내면의 회복을 상징하는 조개 모양은, 마들렌을 더욱 특별하게 만듭니다.

추억과 기억의 상징
마들렌

마들렌이 전 세계적으로 기억되는 데에는 한 문학
작가의 역할이 컸는데, 바로 프랑스 소설가 "마르셀
프루스트(*Marcel Proust*)"입니다.
 그의 장편소설 『잃어버린 시간을 찾아서』에서는
주인공이 홍차에 적신 마들렌을 한입 베어 물며 어
린 시절의 기억을 떠올리는 장면을 통해, 마들렌
이 추억과 기억의 상징으로 자리매김하는 데 큰 역
할을 했습니다.

 제1권 『스완네 집 쪽으로』의 초반부에는 주인공이
홍차에 적신 마들렌을 맛보면서 어린 시절의 기억
이 되살아나는 순간이 묘사되어 있습니다.

"Mais à l'instant même où la gorgée mêlée
des miettes du gâteau toucha mon palais,
je tressaillis, attentif à ce qui se passait
d'extraordinaire en moi. Un plaisir délicieux
m'avait envahi, isolé, sans la notion de sa
cause...
Et tout d'un coup le souvenir m'est apparu.
Ce goût, c'était celui du petit morceau de
madeleine que le dimanche matin à Combray...
...et tout Combray et ses environs, tout cela qui
prend forme et solidité, est sorti, ville et jardins,
de ma tasse de thé."

"마들렌 부스러기가 섞인 홍차 한 모금이 내 입 천장에 닿는 바로 그 순간, 나는 깜짝 놀라며 내 안에서 일어나는 특별한 일에 귀를 기울였다. 설명할 수 없는, 그러나 너무나도 황홀한 쾌감이 나를 온전히 휩싸았고, 그 원인조차 모른 채 나는 그 감정 속에 고립되었다. 그리고 갑자기, 기억이 내게 되살아났다. 이 맛은, 콩브레에서 일요일 아침마다…
…그 작은 마들렌 조각의 맛이었다.
그리고 콩브레와 그 주변 모든 것들 — 마을과 정원들 — 그 모든 것이 형체와 견고함을 갖추어 내 찻잔 속에서 피어올랐다."

문장은 단순히 '맛있다'라는 표현을 넘어 감각이 과거의 기억을 깨우는 '무의식의 문'을 여는 문학적 장치로 사용되었고, 그로 인해 '마들렌 효과'(*Madeleine effect*)라는 개념이 생기게 되었습니다. 이후 마들렌은 기억과 감정이 깃든 디저트로 인식되기 시작했습니다.

단순한 재료
섬세한 과정

마들렌은 버터, 달걀, 설탕, 밀가루, 베이킹파우더, 레몬 제스트 혹은 바닐라 등 비교적 단순한 재료로 만들어집니다.
 하지만 진정한 마들렌의 매력은 반죽의 숙성과 굽는 기술에서 결정됩니다. 차갑게 숙성된 반죽을 고온에서 빠르게 구워야 특유의 "배꼽 모양 돌출(*Le bosse*)"이 만들어지는데, 이것은 겉은 바삭하고 속은 촉촉한 대조적인 식감을 만들어내며, 마들렌이 잘 구워졌는지를 판단하는 지표로 여겨집니다.

Classic Cheesecake

160˚C

50분

2호 원형틀 1개분

진한 크림치즈의 풍미와 부드럽게 녹아드는 질감이 완벽한 균형을 이룹니다. 묵직한 질감 속에 숨어 있는 단정한 단맛이 오래도록 여운을 남기는 클래식한 케이크입니다.

02 클래식 치즈케이크

✚ Ingredients

【반죽】

크림치즈 A(호주)	330g
크림치즈 B(독일)	120g
설탕	90g
소금	1g
전란	120g
박력 쌀가루	30g
생크림	100g
레몬즙	10g
바닐라 아이스크림	100g

※크림치즈는 필라델피아 크림치즈 (동서
식품)호주산, 독일산 제품을 사용했어요.

· 호주산 특징 : 부드럽고, 크리미한 맛
· 독일산 특징 : 조금 단단하고, 산미·풍미가
　　　　　　　뛰어남

【쿠키 바닥】

쿠키	90g
버터	45g

✚ Preparation

1 2호 원형 틀을 준비해 주세요.

▍쿠키 바닥 만들기

1 잘게 부순 쿠키에 녹인 버터를 넣고 섞어 주세요.
2 틀 바닥에 붓고 평평하게 눌러준 후 잠시 냉동실에 넣어 두세요.

▍치즈케이크 만들기

1 크림치즈는 부드러운 상태로 준비해 주세요.
2 크림치즈 A를 부드럽게 풀어준 뒤, 설탕과 소금을 넣고 섞어 주세요.
3 크림치즈 B, 레몬즙, 전란, 생크림, 아이스크림을 넣고 믹서로 곱게 갈아 주세요.

> **tip** 감칠맛을 위해 '할렌몬 소금'을 사용했어요.

  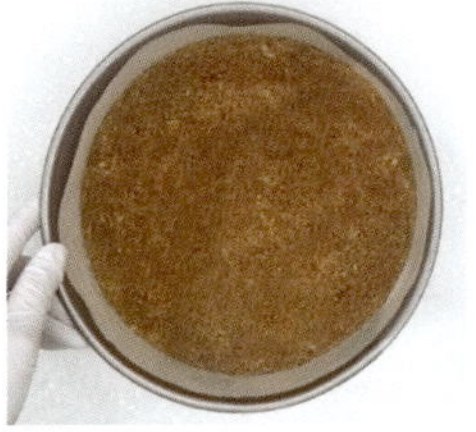 

4 쌀가루를 넣고 잘 섞은 뒤 체에 걸러 쿠키를 깐 틀에 부어 주세요.

5 분리형 틀을 사용할 경우, 바닥이 새지 않도록 바닥부터 틀 중간까지 호일로 감싸 주세요.

6 틀보다 큰 팬에 뜨거운 물을 조금 붓고, 반죽을 담은 틀을 올려 오븐에 넣어 주세요.

7 160℃에서 50분간 굽고, 구움색이 연할 경우 10분 정도 더 구워 주세요.

8 실온에서 한 김 식힌 후 냉장고에서 8시간 이상 보관했다가 꺼내 잘라 주세요.

tip · 분리가 잘 안 될 때는 따뜻한 물에 적신 행주를 틀 주변에 감싸 제품과 틀을 분리해 주세요.
· 윤기 있는 표면을 원할 경우, 마지막에 '미로와' 등을 얇게 발라주세요.

치즈케이크의 시작은
고대 그리스

치즈케이크의 기원을 거슬러 올라가면 기원전 2000년~1500년경 고대 그리스 사모스섬에서 만들어졌던 원시적인 형태의 '치즈 케이크'를 찾을 수 있습니다. 이 치즈케이크는 오늘날처럼 부드러운 크림치즈 대신, 염소나 양의 젖을 응고시켜 만든 "치즈 응고물(카세이즈)"을 사용해 만든 것이었습니다.

 기록에 따르면, 기원전 776년 고대 올림픽 경기에서 선수들에게 치즈케이크가 에너지 보충용으로 제공되었다고 전해지며, 이후 로마 제국을 통해 유럽 전역으로 전파되었다고 합니다.

치즈케이크의 기준
뉴욕 치즈케이크

현대 치즈케이크의 기준을 완전히 바꾼 건 20세기 초 뉴욕에서 등장한 '뉴욕 치즈케이크'였습니다. 이 케이크의 핵심은 바로 크림치즈(*Cream Cheese*). 1872년 미국에서 '윌리엄 로런스(*William Lawrence*)'라는 낙농업자가 우연히 만든 이 부드러운 치즈는, 이후 치즈케이크의 주재료로 자리 잡았습니다.

나라별 치즈케이크의
다양한 얼굴

뉴욕 스타일의 치즈케이크는 이후 세계적으로 널리 퍼졌고, 각 지역에서 다양하게 변화했습니다.

 일본식 치즈케이크는 머랭을 넣어 만든 수플레 스타일로, 구름처럼 폭신한 식감과 가벼운 단맛이 특징입니다. 이탈리아에서는 리코타나 마스카르포네를 사용한 부드러운 무스 형태가 많고, 오븐 없이 굳히는 방식도 일반적입니다. 동유럽과 러시아에서는 과일 퓌레나 잼을 활용해 상큼한 조화를 주는 편입니다.

오랜 사랑을 받는 이유, 깊은 풍미

치즈케이크는 겉보기엔 단순해 보이지만, 그 속에는 지방, 단백질, 산도, 단맛, 바닐라의 향이 절묘하게 어우러져 있습니다. 먹는 순간 입안을 부드럽게 감싸며, 천천히 퍼지는 풍미는 감각적 만족을 줍니다. 이러한 풍미는 치즈케이크만이 가진 고유한 매력입니다.

한 조각에 담긴 4000년의 시간

치즈케이크는 약 4000년이라는 긴 시간을 거쳐 끊임없이 재해석되어 왔습니다. 그러나 놀랍게도, 그 기본 구조는 크게 변하지 않았습니다. 치즈, 달걀, 설탕. 이 단순한 세 가지 재료 조합이 인류의 입맛을 사로잡았고, 지금도 전 세계 모든 도시에서 '가장 사랑받는 케이크' 중 하나입니다.

Churros Financiers

 180˚C

12~13분

15개 분량

Beurre noisette(뵈르 누아제트, 갈색으로 끓여낸 버터)의 고소함에 시나몬 향을 더한 피낭시에입니다. 겉은 바삭하고 속은 촉촉하며, 달콤한 시나몬 설탕이 입안에서 사르르 녹습니다. 길거리 간식의 추억을 불러오는 정겨운 맛의 피낭시에입니다.

03 츄로스 피낭시에

✚ Ingredients

버터	180g
흰자	220g
황설탕	185g
소금	2g
트리몰린	45g
아몬드 파우더	120g
박력 쌀가루	65g
시나몬 파우더	8g
베이킹파우더	5g

※ 트리몰린 대신 꿀 또는 물엿, 쌀조청
   을 넣어도 좋아요.

※ 트리몰린이 가장 쫀득해요.

· 쫀득한 정도 비교 : 올리고당 < 물엿
   < 쌀조청 , 꿀 < 트리몰린

【시나몬 슈거】

설탕	150g
시나몬 파우더	4g

✚ Preparation

1 시나몬 슈거 재료를 미리 혼합해 주세요.

1 버터를 냄비에 넣고 약불에서 갈색빛이 돌 때까지 끓여 주세요. (반죽에 넣을 때 버터 온도는 약 70℃)
2 얼음물에 올려 잔열로 버터가 타지 않도록 식혀 주세요.

3 실온의 흰자에 황설탕, 소금, 트리몰린을 넣고 잘 섞어 주세요.

 흰자가 차갑다면 뜨거운 물 위에 중탕하여 20℃ 정도로 맞춘 뒤 사용하면 좋아요.

4 아몬드 파우더, 박력 쌀가루, 시나몬 파우더, 베이킹파우더를 체 쳐 넣고 잘 섞어 주세요.

5 날가루가 없어지면 70℃로 데운 버터를 넣고 휘퍼로 재빠르게 섞어 주세요.

> **tip** 뜨거운 버터를 넣으면 반죽 속 기포가 제거되어 피낭시에 특유의 쫀쫀한 식감이 살아나요.
> 버터를 끓일 때 생기는 부유물은 체에 걸러 넣거나 풍미를 위해 걸러내지 않고 모두 넣기도 합니다.

  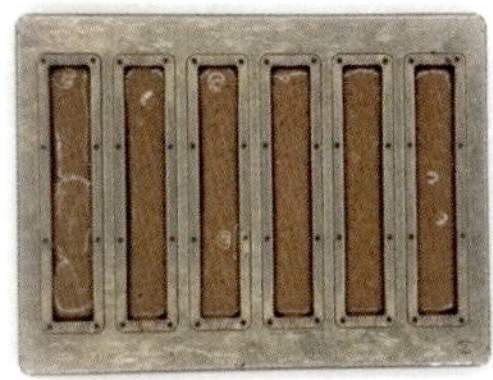

6 반죽을 밀폐 용기에 담아 랩을 밀착시킨 후 냉장고에서 8시간 이상 숙성해 주세요.

7 숙성한 반죽은 주걱으로 잘 풀어 짤주머니에 담아 준비합니다.

8 바통 틀에 반죽을 38g~40g씩 평평하게 팬닝해 주세요.

> **tip** 깊은 피낭시에 틀, 바통팬 틀 : 38~40g / 일반 피낭시에 틀 : 30g내외)

8 200℃ 예열 오븐에 넣고 180℃에서 8분 구운 후, 팬을 돌려 3~4분 더 구워 주세요.

9 따뜻한 상태의 따뜻한 츄러스 피낭시에를 준비한 시나몬 슈거에 굴려 고루 묻힌 뒤, 가볍게 털어 주세요.

Chestnut Bread

170˚C

14분

6개 분량

작고 동그란 밤 모양 틀에 구운, 깜찍한 케이크입니다. 속에는 부드러운 밤과 은은한 럼 향이 스며 있어 깊은 풍미가 퍼집니다. 고소함과 달콤함이 어우러져 가을 햇살 같은 따스함이 느껴지는 구움과자입니다.

04 알밤 케이크

+ Ingredients

버터	100g
밤 페이스트	100g
설탕	100g
전란	65g
노른자	30g
박력 쌀가루	45g
아몬드 가루	55g
피스타치오 가루	12g
베이킹파우더	3g
생크림	10g
럼 또는 호두 술	10g
내피 밤	80g

【장식용】

파트 아 글라세	약간
검정깨, 흰깨	약간
피스타치오 분태	약간

※ '파트 아 글라세'는 '코팅용 다크 초콜릿'을 말해요.

+ Preparation

1 오븐을 190℃로 예열해 주세요.
2 내피 밤은 4~5mm 크기로 깍둑썰기 해 주세요.
3 버터는 포마드 상태로 준비해 주세요.
4 밤 모양 틀에 버터를 발라 주세요.

❙ 밤 모양 빵 만들기

1　포마드 상태의 버터와 냉기 없는 부드러운 밤 페이스트를 휘핑기로 잘 풀어 주세요.
2　작업 중간중간 볼의 가장자리를 잘 긁어 주세요.

3　설탕을 3회 나누어 저속으로 휘핑해 주세요.

> tip　반드시 저속으로 휘핑해 주세요. (고속으로 휘핑하면 식감이 가벼워져요.)
> ・공기가 과도하게 들어가면 반죽이 지나치게 부풀어 모양과 식감이 모두 떨어지니 주의해 주세요.

4　전란과 노른자를 5~6회에 나누어 반죽에 넣으며 휘핑해 주세요.

> tip　전란과 노른자는 20℃ 전후의 실온 상태로 준비해 주세요.

5 가루류와 베이킹파우더를 함께 체 친 후, 주걱을 세워 뒤엎듯 섞어 주세요.

6 생크림과 럼, 내피 밤을 넣고 잘 섞은 후 반죽을 짤주머니에 담아 주세요.

> (tip) 풍미를 더욱 깊게 하고 싶다면 럼 대신 노첼로(호두 술)를 넣어도 좋아요.

7 팬닝 시 내피 밤이 함께 나오도록 짤주머니는 살짝 크게 자르고, 틀의 90%만 채워 평평하게 해주세요.

> (tip) 반죽을 가득 채우면 옆으로 부풀어 우주선 모양처럼 구워지니 주의해 주세요.

8 오븐을 170℃로 맞추어 10분 굽고, 판을 돌려 4~5분 더 구워 주세요.

9 테프론 시트지를 깐 식힘망에 판을 뒤집어 꺼내고 그대로 식혀 주세요. 밤 모양이 예쁘게 자리 잡아요.

1　코팅용 다크 초콜릿을 녹인 후 붓으로 아랫부분 무늬에 맞춰 발라 주세요.
2　기호에 따라 검정깨+흰깨 또는 피스타치오 분태를 묻혀 마무리 해주세요.

알밤 빵 이야기
'밤'과 밀접한
동아시아의 식문화

밤은 중국에서 기원전부터 재배되던 대표적인 나무 열매로, 오랜 시간 동안 귀한 식재료로 여겨졌습니다. 한나라 시기부터 '약용 및 보양 식재료'로 기록되며, 특히 겨울철 영양 간식으로 귀족과 서민 모두에게 사랑받았습니다. 이후 중국의 밤 가공 기술과 식문화는 한반도와 일본에 자연스럽게 전파되었습니다.

　한국에서는 삼국시대 이전부터 밤나무 재배가 시작되었으며, 조선시대에는 '밤단자, 밤설기, 밤정과, 밤 조림' 등의 전통 떡과 한과류에 폭넓게 사용되었습니다. 일본에서는 '가리구리(かりぐり, 말린 밤)'를 비롯해, 에도시대

이후로는 고급 화과자에 밤이 필수 재료로 자리 잡았습니다. 특히 "쿠리만쥬(栗饅頭, 밤만주)" 는 메이지 시대 이후 급속히 퍼지며 일본 전역에서 전통 과자처럼 인식되기 시작합니다.

일본 밤만쥬의
시작

'밤만쥬(栗饅頭)'의 직접적 기원을 거슬러 올라가면, 일본 화과자의 주류인 '만쥬(饅頭)' 자체가 중국에서 전래한 음식이라는 점에서 흥미롭습니다.

 13세기 무렵, 승려 니치렌(日蓮)의 제자들이 원나라에서 들여온 찐만두가 일본식으로 바뀌며, 팥앙금을 넣은 달콤한 과자 형태로 진화한 것이 지금의 만쥬입니다.
 여기에 일본에서 흔하게 재배되던 밤을 응용하여 만든 것이 '밤만쥬'로, 마치 밤껍질처럼 갈색을 띠고 밤 모양으로 구운 화과자는 20세기 초부터 전통 과자점뿐 아니라 역전 기념품, 제철 선물로도 큰 인기를 끌었습니다.

전통과 서양제과를 융합한
한국의 알밤 빵

한국의 알밤빵은 일본식 밤만쥬와 유사한 형태를 가지고 있지만, 그 탄생 배경은 좀 더 복합적입니다.

 1970~80년대 이후 한국 제과업계에서 전통 재료를 활용한 고급 디저트를 개발하는 흐름 속에 '밤'을 주재료로 한 '앙금빵'이 등장하게 됩니다. 한국은 밤의 주요 생산국 중 하나로, 보은, 공주, 문경, 의성 등에서 재배된 국산 밤이 각종 떡, 한과, 빵에 활용됐는데, 여기에 '서양식 페이스트리 기술(버터 반죽, 오븐 굽기)'이 결합하면서 지금의 '밤 모양의 구움 빵' 형태로 자리 잡게 되었습니다. 특히 밤 모양 틀에 구워 만든 포실한 밤빵은 추석 선물 세트, 전통시장, 고속도로 휴게소 간식 등으로 빠르게 대중화되었습니다.

Marble Pound Cake

 160˚C

50~55분

2개 분량
(18X8X8cm틀)

진한 초콜릿의 달콤함과 말차의 쌉쌀한 향이 어우러져 깊은 맛을 내는 마블 파운드입니다. 두 가지 색이 자연스럽게 섞여 만들어낸 무늬 속에 단맛과 쓴맛의 균형이 정갈하게 담겼습니다. 하루 정도 숙성하면 맛과 향이 더욱 깊어집니다.

05 초콜릿 말차 마블 파운드

✚ Ingredients

【초콜릿 파운드】

버터	160g
설탕	120g
전란	130g
박력 가루쌀	95g
옥수수 전분	15g
코코아 파우더	40g
베이킹파우더	4g
생크림	40g
소금	0.5g

【말차 파운드】

버터	145g
설탕	120g
전란	140g
박력 쌀가루	110g
옥수수 전분	25g
말차 파우더	9g
베이킹파우더	4g
화이트 커버춰	38g
생크림	20g
말차 리큐르	10g
소금	0.5g

【다크 글라사주】

다크 커버춰	250g
해바라기유	25g
물엿	25g

【시럽】

물	300g
설탕	150g

✚ Preparation

1 유산지를 틀에 맞게 잘라 두세요.
2 호두는 뜨거운 물에 담가 한 번 흔들어 준 뒤 체에 밭쳐 물기를 제거해 주세요.
  키친타월로 닦아낸 후 170℃에서 10~12분간 구워 준비해 주세요.
3 말차 파운드의 화이트 커버춰는 뜨거운 생크림을 부어 녹여 두세요.
4 시럽은 냄비에 설탕과 물을 넣고 끓인 뒤 식혀 두세요.
5 오븐은 190℃로 예열해 주세요.

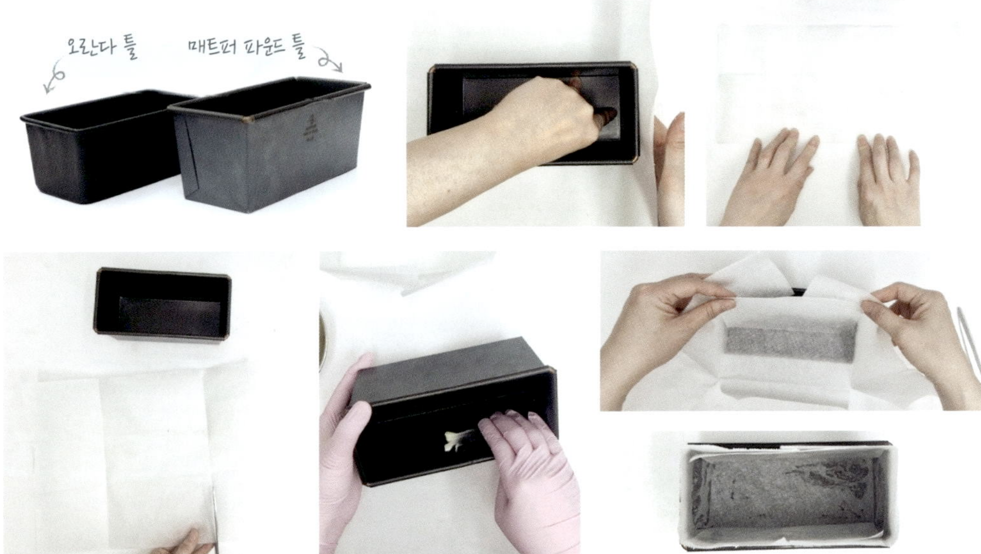

1 유산지를 틀보다 1cm 높게 잘라 바닥면을 손으로 꾹 눌러 자국을 잰 후 접어 주세요.
2 긴 부분을 중심으로 위아래 네 군데를 잘라 주세요.
3 버터를 바르고 재단한 유산지를 넣어 고정해 주세요.

■ 시럽 만들기

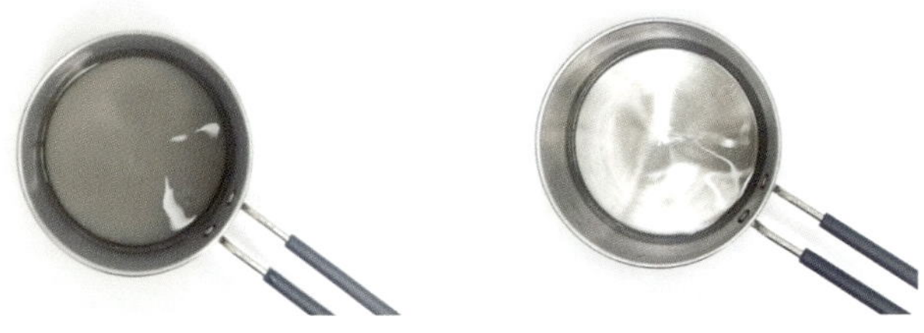

1 냄비에 물과 설탕을 넣고 끓인 후 식혀 두세요.

초코 파운드 만들기

1 포마드 상태의 버터에 소금을 넣고 부드럽게 풀어 준 뒤 설탕을 3회에 나누어 저속 → 중속으로 휘핑해 주세요.

2 전란을 7~10회에 나누어 저속 → 중속으로 시간을 들여 천천히 반죽해 주세요.

> **tip**
> · 분리가 생기면 체쳐 둔 가루를 소량 넣어 분리를 최대한 막아 주세요.
> · 고속으로 오래 휘핑하면 공기가 과도하게 들어가 파운드 특유의 묵직한 식감이 만들어지지 않아요.

3 체 친 가루와 생크림을 넣고 주걱으로 잘 섞어 주세요.
4 짤주머니에 담아 준비해 주세요.

1 포마드 상태의 버터를 부드럽게 풀어 준 뒤 설탕을 3회에 나누어 저속-중속으로 휘핑해 주세요.

2 전란을 7~10회에 나누어 섞어 주세요.

> tip 분리가 생기면 체쳐 둔 가루를 소량 넣어 분리를 최대한 막아 주세요.

3 체 친 가루와 녹여 둔 화이트 커버춰, 생크림, 말차 리큐르를 넣고 주걱으로 잘 섞어 주세요.

> tip 말차 리큐르가 없다면 럼 등으로 대체할 수 있고, 전란을 10g 추가한 뒤 리큐르를 넣지 않아도 괜찮아요.

4 짤주머니에 담아 준비해 주세요.

▌팬닝하기

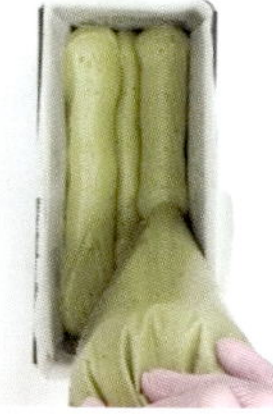

1 초콜릿 반죽을 양쪽에 짜고, 말차 반죽을 가운데 한 줄 짜 주세요.

> **tip** 호두나 견과류를 넣고 싶다면 이때 위에 흩뿌려 주세요.
>
> · 호두 굽기 : 호두를 뜨거운 물에 담가 한 번 흔든 뒤 체에 밭쳐 물기를 제거하고 키친타월로 닦아 주세요.
> 170℃에서 10~12분간 구워 식힌 후 3~4조각으로 잘라 넣어 주세요.

2 그 위에는 말차 반죽을 양쪽에 짜고 가운데 초콜릿 반죽을 가운데 한 줄 짜 주세요.

> **tip** 구운 호두 조각을 흩뿌려 주세요.

3 같은 방법으로 반복 작업해 주세요. 틀의 70%만 채워 주세요.

> **tip** 과하게 팬닝하면 반죽이 부풀며 틀 옆으로 흘러나와 모양이 예쁘지 않아요.

4 가운데 반죽보다 가장자리를 살짝 높게 정리해 주세요.

5 오븐에 넣고 160℃에서 50분간 구운 후 반죽 상태를 보고 5~10분 더 구워 주세요.

> **tip** 틀의 높이와 반죽 양에 따라 굽는 시간이 달라질 수 있어요.
>
> · 굽는 시간   ◈ **오란다 틀**(16×8×6.5cm) : 160℃ / 40~45분 (70~80% 팬닝 기준)
>   ◈ **매트퍼 틀**(18×8×8cm) : 160℃ / 50~60분 (70~80% 팬닝 기준)

6 틀을 바닥에 가볍게 친 후 빼내어 잠시 두었다가, 파운드의 촉촉함을 위해 모든 면에 시럽을 발라 주세요.

7 시럽을 바른 파운드는 냉동실에 넣었다가 30분 후에 꺼내 주세요.

8 밧드 위에 식힘 망을 두고 파운드를 올린 후, 파운드 위에 글라사주를 부어주세요.

9 받치고 있는 판을 가볍게 탕탕 쳐 자국 없이 매끈하게 흘려 주세요.

10 구운 호두와 금박 등으로 장식해 마무리해 주세요.

▌다크 글라사주 만들기

1 중탕으로 녹인 다크 커버춰에 물엿과 해바라기유를 넣고 가운데부터 천천히 잘 섞어 유화해 주세요.

▌마블 모양으로 팬닝하기 (응용법)

1 두 가지 반죽을 가볍게 2~3번만 섞은 후 짤주머니에 담아 주세요.
2 지그재그로 팬에 팬닝하면서 사이사이 구운 호두 분태를 뿌려 주세요.
3 틀의 70% 정도만 채운 후, 가운데보다 가장자리를 살짝 높게 정리해 주세요.

· 사용틀 : **매트퍼 틀**
· 사이즈 : 18X8cm (높이 8cm)
· 팬닝 방법 : **각각의 반죽을 교차하여 팬닝**
· 구움 시간 : **55분**

· 사용틀 : **오란다 틀**
· 사이즈 : 16X8cm (높이 6.5cm)
· 팬닝 방법 : **반죽 자체를 섞은 후 팬닝**
· 구움 시간 : **45분**

쫀득함과 밀도 있는 식감, 습식 쌀가루 디저트

Chapter 02

떡을 만들 때 주로 사용되는
습식 쌀가루를 활용한 레시피를 소개합니다.

떡을 만들 때 주로 사용되는 습식 쌀가루는 쌀을 물에 충분히 불리고 체에 밭쳐 물기를 뺀 후 곱게 갈아 만든 가루입니다. 습식 쌀가루는 이 과정을 통해 곡물 본연의 풍미가 더욱 살아나며, 일반 쌀가루와는 다른 쫀득하면서도 밀도 있는 식감을 구현할 수 있습니다. 습식 쌀가루는 특히 쫀쫀하고 촉촉한 식감이 중요한 케이크나 파이, 푸딩, 브라우니 등 다양한 디저트에 적합합니다.
 이 장에서는 습식 쌀가루의 특별한 매력을 잘 활용한 디저트를 소개합니다.

Mugwort Financier

 180˚C

13~14분

8개 분량

전통의 풍미와 현대적 감각이 어우러진 특별한 디저트입니다. 쑥 향 가득한 반죽 속에 쫄깃한 떡이 숨어 있어, 한입 베어 물면 은은한 쑥 내음이 퍼집니다. 쫀득한 식감과 깊은 풍미를 오래도록 느낄 수 있습니다.

01 쑥떡 피낭시에

✚ Ingredients

【피낭시에】

버터	55g
흰자	80g
소금	1g
꿀 (또는 조청)	15g
슈거파우더	50g
아몬드 가루	55g
습식 멥쌀가루	30g
베이킹파우더	2g
쑥 가루	5g

【인절미 소보로】

버터	50g
설탕	50g
박력 쌀가루	45g
아몬드 가루	45g
인절미 가루	10g

> ※ **기본 소보로 재료**
> 버터, 설탕, 박력 쌀가루, 아몬드 가루
> 각 50g씩

✚ Preparation

1 오븐은 200℃ 예열해 주세요.
2 떡은 굳지 않는 인절미로 준비해
  주세요.

> ※ 떡이 크면 작게 잘라서 사용합니다.

1 버터는 약불에서 끓여 진한 흑맥주 색이 나면 불에서 내려 주세요.

   tip 잔열로 색이 더 진해질 수 있으니 바로 얼음 볼에 올려 식혀 주세요.

2 흰자에 소금을 넣고 가볍게 섞은 뒤 꿀을 넣어 잘 섞어 주세요.

3 가루류(쌀가루, 아몬드 가루, 슈거파우더, 베이킹파우더)를 함께 체 쳐 넣어 주세요.

4 휘퍼로 골고루 섞은 후 쑥가루를 넣고 잘 섞어 주세요. 중간중간 주걱으로 볼 가장자리를 정리해 주세요.

   tip 쑥가루는 체에 잘 걸러지지 않으니 그대로 넣어 주세요.

5 식혀 둔 버터를 70℃ 사이로 맞춰 반죽에 넣고 잘 섞어 주세요.

 버터 온도가 낮아졌다면 불에 살짝 데워 주세요.

6 밀폐용기에 담아 반죽에 밀착되도록 랩핑한 후 냉장에서 8시간 이상 휴지해 주세요.

7 반죽을 주걱으로 잘 풀어 짤주머니에 담고, 틀의 ⅔ 정도만 채워 주세요.

tip 깊은 피낭시에 틀 기준 34~35g 정도.

8 인절미를 적당한 크기로 잘라 반죽 위에 올리고 살짝 눌러 준 뒤, 인절미 소보로를 채워 주세요.

9 180℃로 맞춘 오븐에서 10분 굽고, 판을 돌려 3~4분 더 구워 주세요.

10 소보로와 떡이 떨어질 수 있으니 스패출러로 조심스럽게 떼어내 식힘망에 옮겨 주세요.

- 오븐 사양에 따라 굽는 온도를 조절해 주세요.
- 구움색이 너무 진하게 날 경우 170~175℃에서 구움색을 보며 적정 온도를 조절해 주세요.

소보로 만들기

1 포마드 상태의 버터를 잘 풀어 준 후 설탕과 가루 재료를 모두 넣고 저속으로 섞어 주세요.

2 날가루가 보이지 않고 보슬보슬해지면 손으로 뭉쳐 적당한 크기로 만들어 주세요.

3 밀폐용기에 담아 랩으로 감싼 뒤 냉동실에서 30분 이상 굳혀 사용해 주세요.

tip 장기 보관 시 밀폐용기에 담아 냉동 보관해 주세요. 냉동 보관 시 3주 이내 사용해 주세요.

작은 금괴를 닮은
실용적인 간식

피낭시에(*Financier*)는 프랑스어로 '금융인, 투자자, 은행가'를 의미합니다.
 이름부터 다른 디저트들과는 확연히 다른 이 과자는, 모양도 독특합니다. 작고 반듯한 직사각형 형태는 마치 '작은 금괴'를 닮았습니다.

 피낭시에라는 이름은 19세기 파리의 제과사 '라스칼르(*Lasne*)' 에서 유래했다는 설이 가장 널리 알려져 있습니다.
 이 제과점은 파리 증권거래소 근처에 자리 잡고 있었는데, 그는 바쁜 금융가들이 손에 묻히지 않고 간편하게 먹을 수 있는 간식을 만들고자 했고, 부스러기가 적고 한 손에 쏙 들어가는 실용적인 직사각형 형태의 디저트를 만들어 냈습니다. 게다가 이 과자는 노란빛과 반듯한 모양으로 '금괴'를 연상시키며, 은유적으로 '금 같은 디저트'라는 이미지까지 얻게 되었습니다.
 이것은 고객의 생활 방식에 맞춘 실용적인 접근이었습니다. 피낭시에는 이렇게 사회적 계층과 도시 문화가 결합해 탄생한 디저트라고도 할 수 있습니다.

수도원에서 태어난
피낭시에

피낭시에의 뿌리는 이보다 훨씬 오래된 과자에서도 찾을 수 있습니다.

중세 프랑스의 '비지탕딘 수도원(*Visitandine convent*)'에서 노른자를 성찬용 술에 쓰기 위해 걸러낸 후, 남은 흰자와 아몬드 가루를 활용해 '비지탕딘 (*Visitandine*)'이라는 구움과자를 만들었는데, 이것이 피낭시에의 시초라는 설입니다.

이 구움과자는 쉽게 부서지지 않고 보관이 쉬워 여행을 다니는 순례자들에게 좋은 간식이었고, '비스퀴 드 보야주(*Biscuit de voyage*)', 즉 '여행용 과자'로도 불렸다고 합니다.

하지만 비지탕딘이 피낭시에의 원조라는 설은 재료의 유사성(아몬드 가루, 흰자 등)에서 비롯된 것으로 보입니다. 그래서 금융가 부근 제과사에 의해 모양 및 이름이 유래되었다는 기원이 가장 유력하다고 알려져 있습니다.

겉은 바삭, 속은 촉촉
기술이 만든 맛

피낭시에의 맛은 겉과 속의 식감 대비, 그리고 깊고 풍부한 향에서 비롯됩니다.

핵심은 바로 갈색 버터(*Beurre noisette* : 뵈르 누아제트)입니다. 무염 버터를 낮은 온도에서 천천히 녹이다 보면, 버터 안의 유단백이 갈색으로 변하며 견과류 같은 고소한 향을 내게 되는데, 이 향이 피낭시에의 정체성을 결정합니다.

여기에 고운 아몬드 가루와 설탕, 달걀흰자를 섞은 반죽을 채워 구우면, 겉은 바삭하고 속은 촉촉하며 촘촘한 식감을 갖춘 피낭시에가 완성됩니다.

냉장 숙성한 반죽을 굽는 것이 중요하며, 숙성 기간에 따라 풍미가 훨씬 깊어집니다.

응용하기 좋은 구조
실용적인 형태

피낭시에는 수도원의 검소함, 금융가의 실용주의, 그리고 현대인의 빠른 라이프스타일까지 고스란히 녹아든 디저트입니다.

현재에는 녹차, 초콜릿, 헤이즐넛, 라즈베리 등을 넣은 퓨전 스타일도 인기이며, 선물용 디저트로도 주목받고 있습니다. 또한 글루텐 프리 디저트로 응용하기도 좋은 구조라, 건강한 간식으로의 재해석도 이어지고 있습니다.

Sticky Rice Pie with Figs

쫄깃한 찹쌀 속에 향긋한 무화과가 어우러진 한국적인 디저트입니다. 씹을수록 찹쌀의 고소한 맛이 느껴지고, 은은한 무화과 향이 입안 가득 퍼집니다.

02 무화과 찹쌀파이

✚ Ingredients

습식 찹쌀가루	300g
베이킹파우더	7g
설탕	60g
소금	3g
크림치즈	100g
전란	50g
생크림	50g
우유	100g
다진 무화과	100g
럼(또는 와인)	10g
구운 호두	30g

※ 습식 찹쌀가루에 소금이 포함된 경우, 소금을 제외하거나 1~2g 정도만 넣어 주세요. (사용 중인 가루의 소금 함량을 확인해 주세요.)

【토핑용】

소보로	약간
무화과	약간

✚ Preparation

1 오븐은 190℃로 예열한 후, 반죽을 넣을 때 170℃로 낮춰 사용해 주세요.

무화과와 호두 준비하기

1　반죽에 넣을 무화과는 잘게 다진 후 럼과 섞어 주세요.
2　장식용 무화과는 4~5등분으로 잘라 준비해 주세요.
3　호두는 160℃ 오븐에서 10분간 구워 주세요.

※ 습식 찹쌀가루에 소금이 포함된 경
우, 소금을 제외하거나 1~2g 정도만
넣어 주세요. (사용 중인 가루의 소금
함량을 확인해 주세요.)

무화과 찹쌀파이 만들기

1　포마드 상태의 크림치즈를 부드럽게 풀어 준 뒤, 설탕과 소금을 넣어 섞어 주세요.
2　실온의 전란을 3~4회 나누어 넣고 잘 섞어 주세요.

3 습식 찹쌀가루와 베이킹파우더를 체 쳐 넣은 후, 생크림과 우유를 넣고 섞어 주세요.

4 럼에 절인 다진 무화과와 구운 호두를 넣어 고루 섞어 주세요.
5 버터를 바른 틀에 반죽을 90% 정도 채워 주세요.

6 장식용 무화과를 올리고 소보로를 얹은 뒤, 170℃에서 15~18분간 구워 주세요.

tip 소보로 만드는 방법은 「쑥떡 피낭시에」 레시피(60쪽)를 참고해 주세요.

Mini Chocolate Pies

🔥 160˚C

⏱ 10분

🍽 14개 분량

진한 초콜릿의 풍미가 가득한 앙증맞은 한입 크기의 디저트입니다. 한입 베어 물면 쫀득한 시트와 폭신한 수제 마시멜로, 진한 초콜릿이 어우러져 풍성한 맛의 조화를 느낄 수 있습니다.

한입 초코파이

✚ Ingredients

【초코 시트】

전란	60g
설탕	55g
꿀	30g
버터	25g
습식 멥쌀가루	50g
옥수수 전분	30g
코코아 파우더	15g
베이킹파우더	2g
우유	24g

【마시멜로】

판 젤라틴	3g
물엿	15g
설탕	35g
물엿	25g
바닐라 익스트랙	5g

【코팅용】

코팅 초콜릿	적당량

✚ Preparation

1 오븐은 160℃로 예열해 주세요.
2 틀에 버터를 고루 발라 주세요.
3 가루 재료는 미리 체 쳐 두세요.
4 코팅용 초콜릿은 전자레인지에
  30초씩 나누어 녹여 두세요.

✚ Tools

실팝코팅 미니 머핀틀 20구/ 틀사이즈 : 33.5X26cm
(1구 사이즈 : 밑4X 위4.5X 높이2.5cm)

▌초콜릿 시트 만들기

1 실온의 전란에 설탕과 꿀을 넣고 손거품기로 섞어 주세요.

2 녹인 버터(40℃ 내외)를 넣고 섞어 주세요.

3 체 친 가루류를 넣고 고루 섞어 주세요.

4 따뜻한 우유(40℃ 내외)를 넣고 섞어 주세요.

5 반죽을 밀폐용기에 담아 랩을 밀착시킨 뒤, 냉장고에서 1~2시간 휴지해 주세요.

6 반죽을 고루 섞어 짤주머니에 담아 주세요.

7 틀에 8g씩 팬닝해 주세요.

8 160도로 예열한 오븐에서 10분간 구워주세요.

> tip 반죽의 양이 적고 단시간 굽기 때문에 160℃로 예열해 바로 사용하면 충분해요.

9 바닥에 틀을 살짝 내리친 후 뒤집어서 꺼내 주세요.

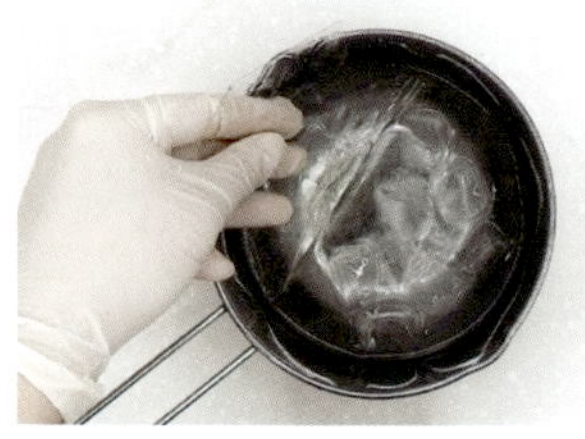 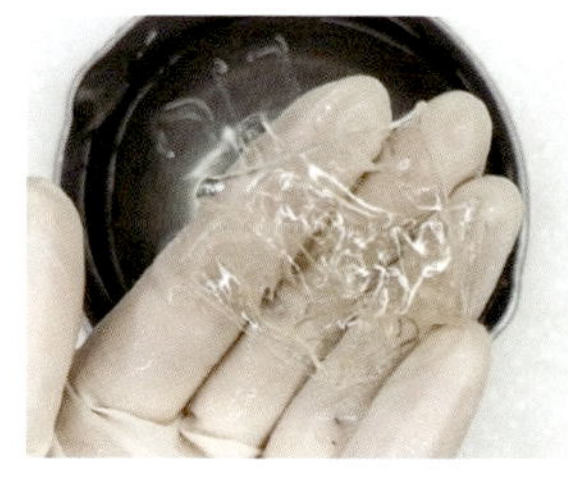 

1 판 젤라틴은 얼음물에 넣어 약 10분간 불려 주세요.

2 젤라틴이 말랑해지면 물기를 꾹 짜서 볼에 옮겨주세요.

3 냄비에 물, 설탕, 물엿, 바닐라 엑스트랙을 넣고 중불에서 끓여 주세요.

4 끓어오르면 불을 끄고 젤라틴에 부어 주세요.

  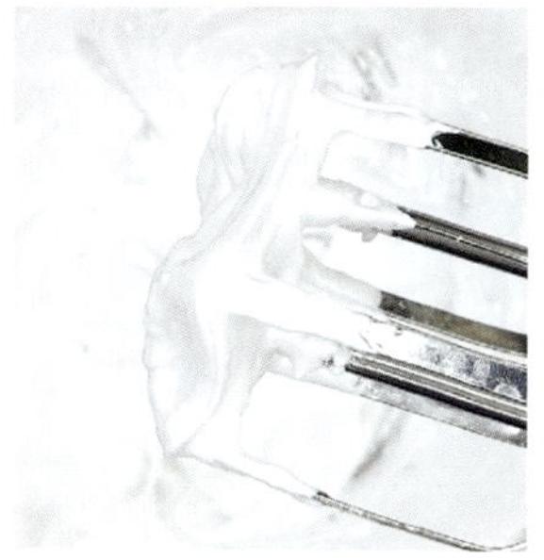

5 단단한 질감이 될 때까지 고속으로 휘핑한 뒤 단단한 뿔이 서면 휘핑을 멈추고, 짤주머니에 담아 주세요.

▌ 코팅 장식하기

1 초콜릿 시트의 짝을 맞춘 뒤, 그 사이에 마시멜로를 두껍게(약 7~8mm 높이) 짜고 뚜껑을 덮어 주세요.

2 마시멜로가 굳으면 시트를 포크에 끼운 후, 코팅 초콜릿에 담가 주세요.

3 팬에 가지런히 올리고, 초콜릿이 굳기 전에 금박 등으로 장식해 주세요.

> **tip** 금박 대신 소금을 살짝 뿌려도 색다른 풍미가 납니다.

미국 남부에서 태어난
마시멜로 샌드위치

우리가 익숙하게 알고 있는 '초코파이'는 사실 미국의 전통 디저트인 '문파이(*Moon Pie*)'에서 그 기원을 찾을 수 있습니다.

1917년, 테네시주의 한 제과 회사가 광산 노동자들을 위해 만들었다는 이야기가 가장 유명합니다. 당시 광부들은 점심 도시락을 먹고 나면 손에 묻지 않고 간편하게 먹을 수 있는 디저트를 원했는데, 이 요청을 듣고 개발된 것이 바로 초콜릿으로 코팅된 마시멜로 샌드위치 '문파이(*Moon Pie*)'였습니다.

두 개의 부드러운 쿠키 사이에 마시멜로를 넣고, 겉을 초콜릿으로 감싼 구조는 지금 우리가 아는 초코파이의 원형이 되었습니다. 당시엔 둥근 모양 때문에 '달(*Moon*)'이라는 이름이 붙었고, 먹기 좋고, 포만감도 주는 간식으로 큰 인기를 끌었습니다.

한국형
초코파이의 시작

초코파이가 한국에 처음 소개된 것은 1974년, 오리온이 '초코파이 정(情)'이라는 이름으로 출시하면서부터입니다. 당시에는 외국의 고급 디저트를 재현하는 것이 유행이었고, 오리온은 미국의 문파이를 본떠 한국인의 입맛에 맞춘 버전을 개발했습니다.

미국의 문파이가 스펀지 같은 쿠키 사이에 마시멜로를 끼운 형태라면, 한국형 초코파이는 부드러운 케이크 시트와 단맛을 줄인 마시멜로를 사용해 보다 담백한 식감으로 변형되었습니다.

1970~80년대 사회적 변화 속에서 초코파이는 이산가족 상봉, 군 면회, 수험생 간식, 명절 선물 등 다양한 장면에 등장하며 정서적 상징성을 갖게 되었습니다. 특히 군에 입대한 아들에게 어머니가 챙겨주던 초코파이는 이별의 눈물과 위로의 마음이 담긴 간식으로, '정(情)'이라는 단어를 가장 잘 보여주는 디저트로 자리 잡았습니다.

'정(情)'과 '위로'를
상징하는 디저트

초코파이는 한국 영화와 드라마 속에서 '정(情)'과 '위로'를 상징하는 오브제로 자주 등장합니다. 예를 들어, 영화 웰컴 투 동막골에서는 전쟁 중 만난 적군과 아군이 초코파이를 나눠 먹으며 잠시나마 긴장을 풀고 마음을 열게 됩니다. 또한 많은 작가가 소설이나 에세이에서 초코파이를 '추억의 간식'으로 묘사합니다.

한편, 북한에서는 한때 '남한에서 온 초코파이'가 화폐보다 귀한 존재로 여겨지기도 했습니다. 2000년대 개성공단에서 근무하던 북한 근로자들에게 초코파이가 간식으로 제공되었으며, 이 초코파이는 '장마당(북한의 비공식 시장)'에서 고가에 거래되었다고 전해집니다.

국경을 넘고
세대를 아우르는 디저트

초코파이는 아시아 여러 나라로 퍼져나갔고, 각 나라에서 자신들만의 방식으로 재해석되었습니다.

러시아에서는 '초코파이(Чоко Пай)'라는 이름으로 출시되어 국민 간식으로 자리 잡았고, 베트남과 중국에서도 현지 입맛에 맞춘 버전이 인기를 끌었습니다.

일본의 경우, 좀 더 진한 초콜릿과 다양한 크림을 활용해 고급화에 초점을 맞췄고, 미국에서도 여전히 문파이 브랜드가 남아 꾸준히 생산되고 있습니다.

Caramel Tiramisu

🔥 180°C

⏱ 10~11분

👥 6~8개 분량

부드러운 크림과 진한 에스프레소, 깊은 캐러멜 향이 어우러진 티라미수입니다. 쌉싸름한 에스프레소에 부드러운 이탈리안 머랭, 솔티드 캐러멜이 더해져 고소하고 세련된 풍미를 완성합니다.

04

카라멜 티라미수

+ Ingredients

【시트】

흰자	170g
설탕	160g
노른자	130g
습식 멥쌀가루	90g
옥수수 전분	90g
코코아 파우더	10g

【시럽】

커피 가루	4g
커피 익스트랙	10g
에스프레소	35g
설탕	50g
물	100g
커피 리큐어	10g

※ 커피가루 : 'G7'브랜드 사용

【솔트 캐러멜】

설탕	110g
물엿	10g
생크림	140g
소금	3g
판 젤라틴	2g

【이탈리안 머랭】

물	60g
설탕	160g
흰자	110g

【크림】

솔트 캐러멜	130g
크림치즈	150g
마스카포네 치즈	250g
생크림	250g
이탈리안 머랭	200g

+ Preparation

1 시트용 틀에 유산지를 깔아 준비해 주세요.

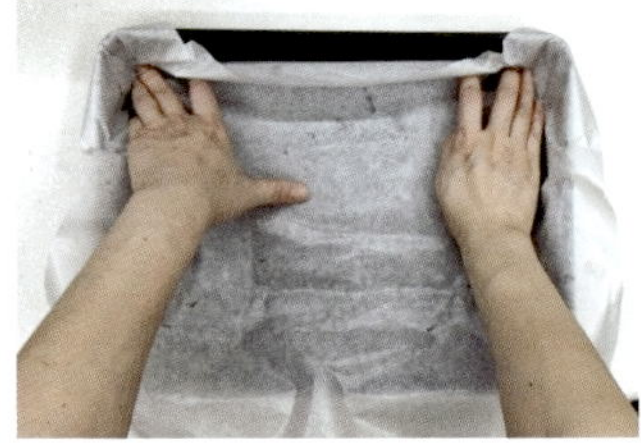  

1 틀의 높이보다 1cm 높게 유산지를 재단해 틀 안쪽에 눌러 넣어 주세요.
2 겹쳐지는 모서리 부분은 대각선으로 잘라 맞붙여 주세요.

3 겹친 종이 한쪽은 반 정도 잘라 정리해 주세요.
4 틀의 바닥과 옆면에 실온 버터를 살짝 바른 뒤 유산지를 틀에 잘 밀착해 주세요.

시트 만들기

1 흰자를 중속에서 10초간 휘핑한 뒤 설탕의 1/4을 넣고 저속으로 섞어 주세요.
2 설탕 입자가 잘 녹아들고 윤기가 돌면 설탕의 1/4을 넣고 다시 저속으로 섞어 주세요.

3 머랭이 조밀하게 윤기가 돌면 중속으로 올려 나머지 설탕을 여러 번 나누어 천천히 휘핑해 주세요.

> **tip** 고속으로 휘핑하면 공기가 빠르게 들어가 거친 머랭이 되므로, 저속→중속으로 천천히 속도를 올리며 휘핑해 주세요. 시간을 들여 천천히 머랭을 올리는 것이 중요합니다.

4 저속→중속으로 시간을 들여 설탕을 천천히 녹여 주세요.

5 조밀한 머랭이 되면 고속(10~15초 내외)으로 잠시 돌려 힘 있는 머랭을 만들어 주세요.

6 노른자를 넣고 3~4회 정도 가볍게 섞어주세요. 다 섞이지 않고 마블이 남아 있어도 좋아요.

7 체 친 가루를 넣고 주걱으로 재빠르게 섞어 주세요.

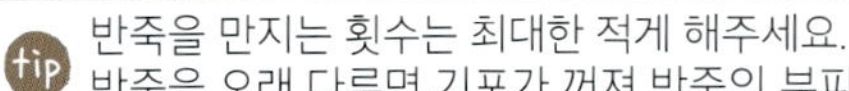
> tip 반죽을 만지는 횟수는 최대한 적게 해주세요.
> 반죽을 오래 다루면 기포가 꺼져 반죽의 부피가 낮아지고 이로 인해 식감이 달라져요.

8 틀에 붓고 모서리 부분을 채운 후 평평하게 정리해 주세요.

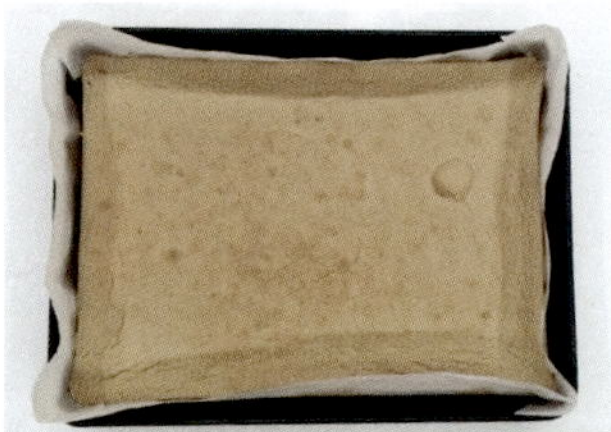

9 180℃로 예열한 오븐에서 10~11분간 구워 주세요. (8분쯤 굽고 팬을 돌려 더 구우면 고르게 구워져요.)

10 구운 시트는 유산지 옆면을 떼고 식힘망에 식혀 주세요.

▌시럽 만들기

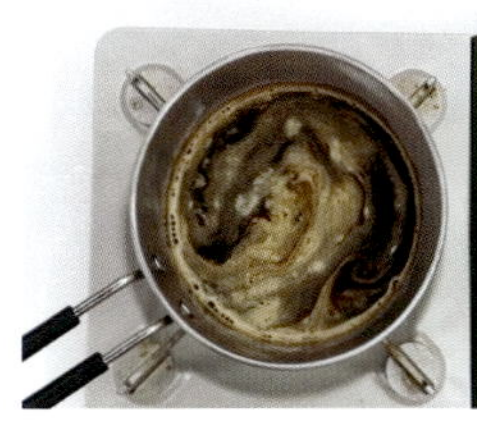

1 커피 리큐어를 제외한 모든 재료를 냄비에 넣고 끓여 주세요.
2 끓어오르면 불을 끄고 한 김 식힌 뒤 커피 리큐어를 넣고 섞어 주세요.
3 밀폐용기에 담아 냉장 보관해 주세요. (1주일 이내 사용 권장)

▌솔트 캐러멜 만들기

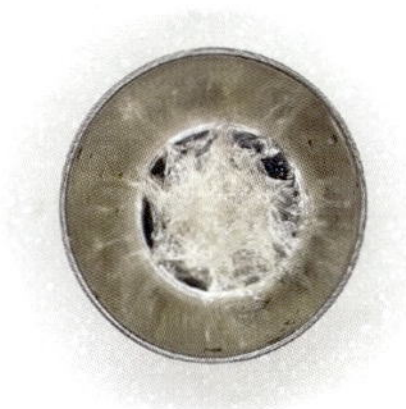

1 판 젤라틴은 얼음물에 불려 주세요. 젤라틴이 탄력 있게 풀어지면 물기를 짜서 준비해 주세요.

2 냄비에 설탕 1/3과 물엿을 넣고 약불에서 천천히 녹여 주세요.
3 설탕이 녹기 시작하면 남은 설탕을 나누어 넣으며 녹여 주세요.

4 설탕이 완전히 녹고 갈색빛이 돌면 불을 끄고, 데운 생크림을 넣어 섞어 주세요.
5 소금을 넣고 섞은 뒤, 불린 젤라틴을 넣어 섞어 주세요.

▌이탈리안 머랭 만들기

1 흰자를 고속으로 10~20초 휘핑한 뒤 중속으로 휘핑해 주세요.

> tip 볼이 흔들리지 않도록 젖은 행주를 볼바닥에 깔아주세요.

2 맥주 거품 같은 잔거품이 생기면, 냄비에 물과 설탕을 넣고 끓여 주세요.
3 물과 설탕의 온도가 오를 때까지 머랭은 저속으로 천천히 휘핑해 주세요.

4 물과 설탕의 온도가 118℃가 되면 흰자를 담은 볼 벽에 조금씩 흘려주며 흰자를 중속으로 휘핑해 주세요.

5 물과 설탕을 다 넣은 후에는 조밀하고 힘 있는 머랭이 될 때까지 고속으로 휘핑한 후 저속으로 1분 정도 천천히 정리해 주세요.

크림 만들기

1 실온 크림치즈를 부드럽게 풀어 주세요.

2 35℃ 내외의 솔트 캐러멜 소스를 넣고 매끄럽게 섞어 준 후, 마스카포네 치즈를 넣고 잘 섞어 주세요.

3 70%로 부드럽게 올린 생크림을 2번에 나누어 섞어 주세요.

4 이탈리안 머랭을 넣고 고루 섞어 주세요.

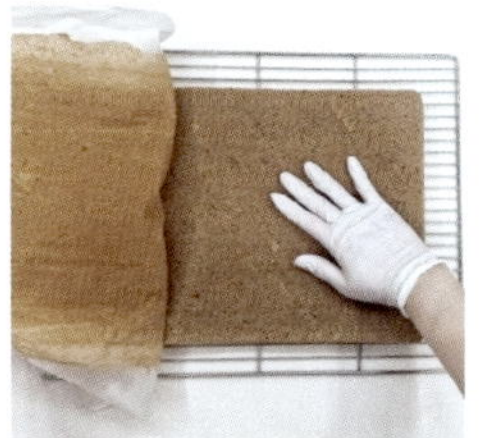   

1 완전히 식힌 시트는 유산지를 떼고 끝부분을 잘라 반듯하게 정리해 주세요.

2 용기 크기에 맞게 시트를 재단해 주세요.

3 용기 바닥에 시트를 깔고 시럽을 충분히 발라 주세요.

> **tip** 시트의 바닥면이 위로 가도록 두면 시럽이 잘 흡수돼요.

  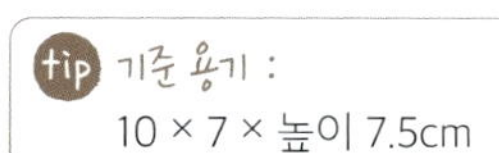

> **tip** 기준 용기 :
> 10 × 7 × 높이 7.5cm

4 크림을 채운 뒤 스패튤러로 평평하게 정리해 주세요.

5 코코아 파우더를 뿌려 마무리해 주세요.

50년도 채 되지 않은
비교적 새로운 디저트

많은 사람이 티라미수를 르네상스나 고전 이탈리아 시대에서 유래한 전통 디저트라고 생각하지만, 실제로는 그 역사가 50년도 채 되지 않은 비교적 새로운 디저트입니다.

티라미수는 1960년대 말~1970년대 초, 이탈리아 북부 트레비소(*Treviso*) 지역에 있는 레스토랑 '*Le Beccherie*(레 베케리에)'에서 처음 만들어졌다는 설이 가장 유력합니다.

당시 이 레스토랑의 셰프였던 로베르토 린구안토(*Roberto Linguanotto*)와 그의 동료 아다 캄페올(*Ada Campeol*)이 함께 개발했다고 알려져 있습니다.
그들은 기존의 지역 디저트였던 '소뽀사미쑤(*Zuppa inglese*)'를 응용해, 에스프레소에 적신 사보이아르디(레이디핑거)와 마스카르포네 치즈 크림, 계란, 설탕, 카카오를 층층이 쌓아 올린 새로운 디저트를 만들었습니다.
처음엔 '치레미수(*Tireme su*)'라는 지역 사투리 이름으로 불리다, '티라미수(*Tiramisu*)'라는 이름으로 널리 퍼지게 됩니다.

혁신적인 구조
조립식 디저트

티라미수는 당시로서는 혁신적인 조립식 디저트였습니다.
굽거나 끓이지 않고, '층을 쌓아 조립하는 방식(*no-bake layered dessert*)'은 매우 신선한 접근이었으며, 차게 먹는 크림 같은 식감을 갖는 디저트 역시 새로운 감각이었습니다.
게다가 에스프레소의 쌉쌀함과 마스카르포네의 부드러움, 설탕의 달콤함, 달걀의 고소함, 카카오의 쌉쌀함이 입안에서 차례로 어우러지며 섬세한 맛의 흐름을 완성했습니다.

이러한 맛의 레이어는 이후 수많은 디저트 레시피에 영향을 주었고, 푸딩, 케이크, 무스 등의 디저트 영역에 새로운 길을 열어 주었습니다.

티라미수의 기원은
아직도 논쟁 중

티라미수의 기원에 대한 여러 이야기 중에서 '수파 델 두카(*Zuppa del Duca*)'에서 유래되었다는 이야기가 있습니다.

이 설에 따르면, 17세기 이탈리아 시에나(*Siena*)에서 코시모 세 데 메디치(*Cosimo III de' Medici*) 대공의 방문을 기념하기 위한 디저트가 만들어졌는데, 이 디저트는 커피에 적신 빵 또는 비스킷 층과 크림 층이 번갈아 쌓여 있는 형태로, 오늘날의 티라미수와 유사한 구조로 되어 있습니다. 하지만, 이 설은 역사적 자료가 제한적이어서 그 정확성을 확인하기는 어렵습니다.

이 외에도 사랑하는 사람을 위해 만들어졌다는 설, 또는 임산부의 기력을 회복시키기 위한 디저트로 탄생했다는 이야기가 전해지고 있습니다.

티라미수의 정확한 기원은 아직도 논쟁 중이며, 다양한 설이 존재합니다. 그러나 이러한 다양한 이야기는 티라미수의 매력을 더 돋보이게 합니다.

다양한 변형과
글로벌 확장

전통적인 티라미수는 사보이아르디(레이디핑거), 커피, 마스카르포네 치즈, 계란, 설탕, 코코아 가루 등의 재료로 만들어집니다.

시간이 지나면서 다양한 변형이 생겨났고, 식중독 등의 문제로 계란을 사용하지 않고 만들기도 합니다.

현재에는 베리, 초콜릿, 말차 등 다양한 재료를 활용한 티라미수 레시피가 전 세계적으로 인기를 끌고 있습니다.

Sticky Rice Brownie

🔥 170°C

🕐 25~30분

🎂 2호 정사각틀 1개

진한 초콜릿과 찹쌀이 더해져 묵직하고 쫀득한 식감을 완성합니다. 밀가루 없이도 브라우니 특유의 진한 맛과 촉촉한 질감을 즐길 수 있으며, 식감의 밀도가 높아 한 조각만으로도 충분한 만족감을 줍니다.

05 찹쌀 브라우니

+ Preparation

1 오븐은 180℃로 예열해 주세요.
2 견과류는 160-170℃ 오븐에서 10~13분간 색을 보며 로스팅해 주세요.
3 습식 찹쌀가루와 코코아 파우더는 미리 체 쳐 두세요.

1 틀보다 1cm 정도 높게 유산지를 잘라 바닥면 크기에 맞게 표시해 주세요.
2 유산지를 뒤집어 표시한 선에 맞추어 접어 주세요.

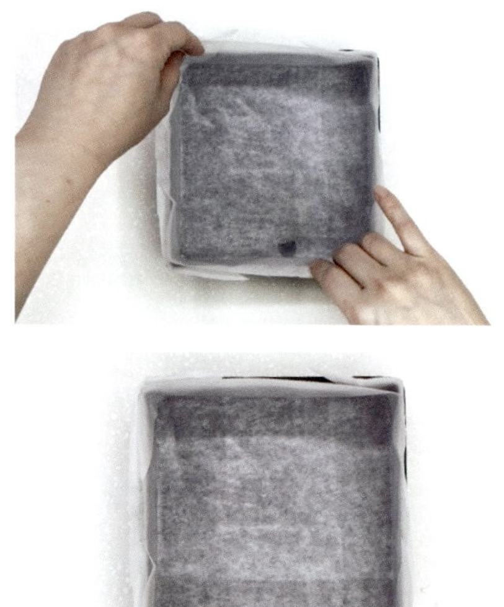

3 모서리 부분은 대각선으로 잘라 접어 주세요.

▮ 가나슈 만들기

1 냄비에 생크림과 물엿을 넣고 70℃ 정도로 데워 주세요. (가장자리가 끓기 시작하면 불을 꺼 주세요.)
2 다크 커버춰 초콜릿을 넣고 휘퍼로 잘 섞어 유화시켜 주세요.

3 버터를 넣고 섞은 뒤, 다크 럼을 넣고 다시 섞어 주세요.

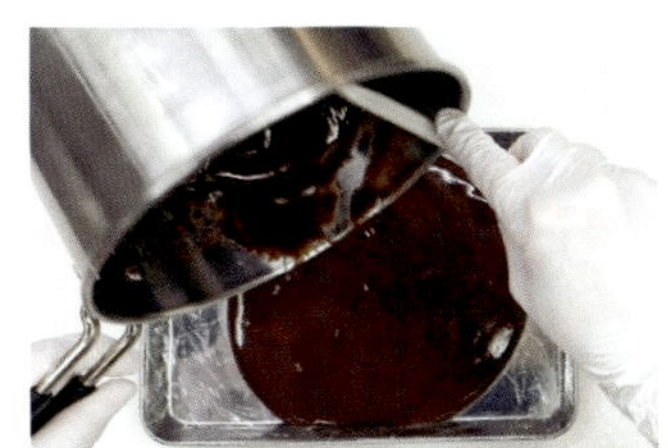 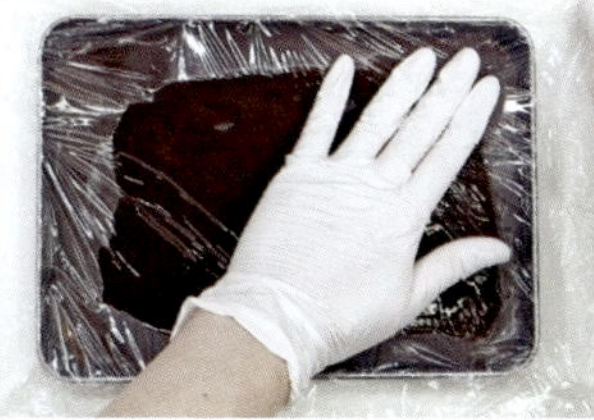 

4 랩을 깐 스테인리스 트레이에 부은 뒤, 랩을 밀착시켜 덮고 냉장고에서 굳혀 주세요.

▌브라우니 만들기

1 다크 커버춰 초콜릿을 중탕으로 녹인 뒤 버터를 넣고 함께 녹여 주세요.

2 실온의 전란과 설탕, 소금을 1.에 넣고 잘 섞어 주세요.

3 습식 찹쌀가루를 넣고 날가루가 보이지 않을 때까지 섞어 주세요.

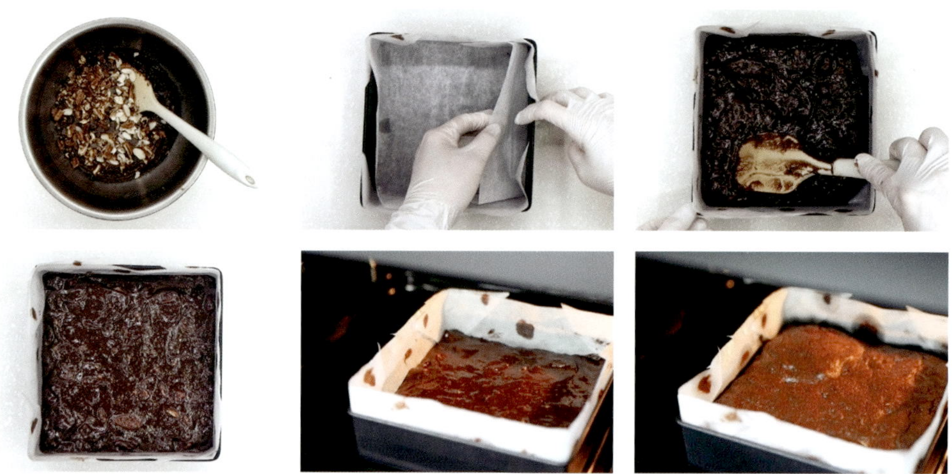

4 로스팅한 견과류를 넣고 섞은 뒤, 틀에 부어 모서리까지 채우고 주걱으로 평평하게 정리해 주세요.

> tip 오븐 안에서 유산지가 바람에 날리면 반죽에 붙을 수 있어요. 반죽을 소량 손가락에 묻혀 가장자리에 발라 유산지를 고정하면 편리해요.

5 180℃로 예열한 오븐에 넣은 뒤, 170℃로 낮춰 25~30분간 구워 주세요.

6 틀에서 꺼내어 유산지 옆면을 떼어내고 식힘망 위에서 완전히 식혀 주세요.

> **tip** 당도가 걱정된다면 가나슈를 생략해도 좋아요.
> 브라우니를 충분히 식힌 후 코코아 파우더나 슈거파우더를 뿌려 마무리해 주세요.

7 굳힌 가나슈를 주걱으로 부드럽게 풀어 짜기 좋은 농도로 만든 뒤, 짤주머니에 담아 주세요.

8 완전히 식은 브라우니 위에 가나슈를 짜고 스패튤러로 평평하게 펴 주세요.
9 잘 밀봉해 냉동실에서 굳힌 뒤, 따뜻하게 데운 칼로 4~10조각 등 원하는 크기로 잘라 주세요.

> **tip** 브라우니는 당도가 높은 디저트이므로 10조각으로 나누어 즐기면 좋습니다.

10 마지막으로 코코아 파우더나 슈거파우더를 뿌려 장식해 주세요.

한층 더 부드러운 맛,
가루쌀(가루미) 디저트

03

쌀베이킹용으로 개발된 전용 품종의 쌀을
곱게 제분해 만든 '가루쌀'을 활용한 레시피를 소개합니다.

가루쌀은 입자가 고르고 점성이 안정적이어서, 정교하고 균일한 질감의 디저트를 만들 수 있다는 것이 큰 장점입니다. 기존 쌀가루보다 조직감이 한결 부드럽고, 섬세한 식감을 필요로 하는 디저트에 특히 잘 어울립니다. 또한 가루쌀은 빵이나 쿠키 반죽에 섞었을 때 질감이 고르게 유지되어 부드럽고 촉촉한 식감을 구현하는 데 효과적입니다.

 이 책에서는 박력 가루쌀의 특성을 살린 쌀 디저트 레시피를 소개하니, 직접 만들어 보며 그 매력을 경험해 보시기 바랍니다.

Banana Macarons

140˚C

13분

30개 분량 (3.5mm꼬끄)

겉은 바삭하고 속은 부드러운 꼬끄 사이에 부드러운 바나나 크림을 샌딩한 디저트입니다. 아몬드 가루와 가루쌀이 어우러져 풍미를 더하며, 한입 베어 물면 달콤하고 포근한 바나나 향이 입안을 가득 채웁니다.

이   바나나 마카롱

✛ Ingredients · · · · · · · · · · ·

【꼬끄】

아몬드 가루	150g
박력 가루쌀	30g
슈거파우더	160g
흰자	58g
치자 가루(노란색 식용 색소)	약간

> ※ 치자가루 대신 노란색 식용 색소
> 를 사용해도 좋아요.

【바나나 크림】

노른자	90g
설탕	30g
바나나우유	180g
버터	350g

【머랭】

흰자	45g
설탕	125g
물	25g

❙ 꼬끄 만들기

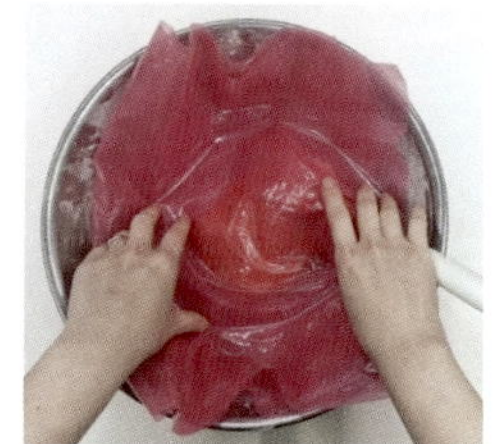

1 체 친 가루에 흰자와 색소를 넣고 주걱 날을 세워 고루 섞은 뒤, 마르지 않도록 비닐을 덮어 두세요.

2 설탕과 물을 냄비에 넣어 끓이다가 가장자리가 끓기 시작하면 흰자를 중속으로 휘핑해 주세요.

3 시럽이 118℃가 되면 흰자에 조금씩 부어 가며 중속으로 휘핑해 주세요.
4 시럽을 모두 부은 뒤에는 고속으로 휘핑해 공기를 포집해 주세요.
5 머랭에 탄성이 생기면 중속으로 내려 단단하게 휘핑해 주세요.
6 단단한 머랭이 되면 저속으로 1분 정도 돌려 기포를 정리해 주세요.

7 '1'의 반죽에 머랭을 두 번에 나누어 넣고 주걱 날을 세워 섞어 주세요.

8 반죽을 납작한 알뜰주걱으로 볼에 눌러가며 섞어 주세요. (마카로나주)

9 반죽이 묵직하게 흐르는 정도가 되면 1cm 원형 깍지를 끼운 짤주머니에 담아 주세요.

10 지름 3cm 크기로 일정하게 짜 주세요.

11 150℃에서 11~12분간 구워 주세요.

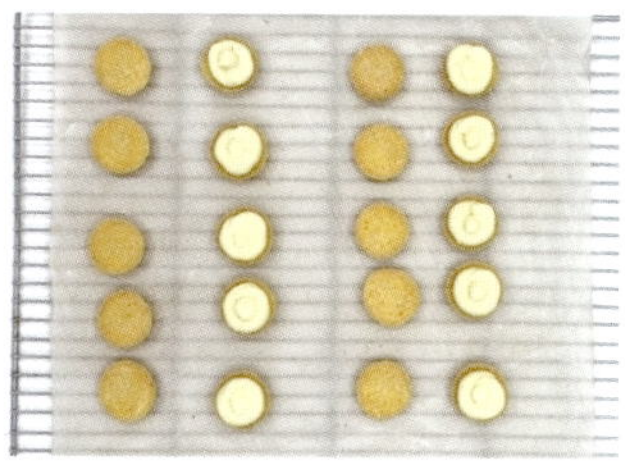

12 꼬끄가 완전히 식으면 짝을 맞춰 크림을 짜 넣고 샌딩해 주세요.

▌바나나 크림(필링) 만들기

1 노른자에 설탕을 넣고 고루 섞어 주세요.
2 냄비에 바나나우유를 넣어 가열하다가 가장자리가 끓기 시작하면 '1'에 조금씩 부어 섞어 주세요.

 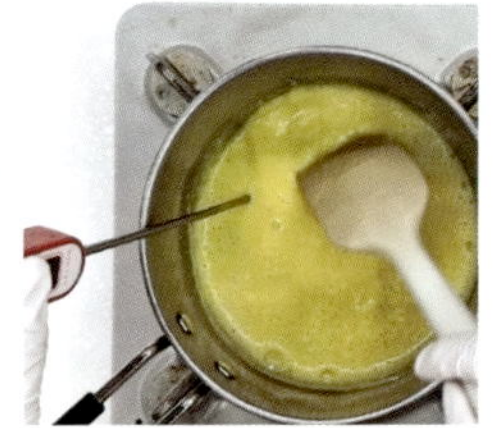  

3 다시 냄비로 옮겨 약불에서 76~78℃까지 가열해 주세요.
4 체에 걸러 주세요.

5 볼을 얼음물에 올려 저속으로 휘핑해 온도를 30℃까지 내려 주세요.
6 노른자 반죽에 포마드 버터를 조금씩 넣으며 저속→중속으로 휘핑해 크림을 완성해 주세요.

> **tip** 처음에는 수분이 분리된 것처럼 보이지만, 중속에서 계속 휘핑하다 보면 어느 순간 하나로 잘 뭉쳐
> 집니다. 그때 휘핑을 멈춰 주세요.

바나나 마카롱

프랑스 디저트?
사실은 이탈리아에서 왔다!

마카롱은 프랑스 디저트의 아이콘으로 알려져 있지만, 기원을 거슬러 올라가면 이탈리아에서 시작되었다고 합니다.
 중세 시대, 수도원에서는 아몬드 가루를 이용한 '마카로니 반죽(Maccarone)'이 만들어졌는데, 이 단어가 오늘날 '마카롱(Macaron)'의 어원이라는 학설이 유력합니다.

 16세기, 이탈리아 피렌체의 메디치 가문 출신 카트린 드 메디시가 프랑스 왕 앙리 2세와 결혼하면서 마카롱이 프랑스 궁정으로 전해졌다고 합니다. 그녀는 당시로서는 드물게 이탈리아 출신 요리사와 제과사를 데려왔고, 이들이 초창기 마카롱을 프랑스에 소개했다는 기록이 남아 있습니다.

필링 없는
단일 쿠키에서 시작

초기의 마카롱은 오늘날처럼 필링이 들어간 형태가 아니었습니다. 달걀 흰자, 아몬드 가루, 설탕만으로 만든 쿠키 형태였으며, 겉은 바삭하고 속은 촉촉한 단일 구조의 디저트였습니다. 이 단일형 마카롱은 프랑스 전역으로 퍼졌고, 특히 로레인 지방의 '마카롱 수녀들(Les Sœurs Macarons)'이 유명합니다.
 1792년, 프랑스 혁명 당시 수도원을 떠난 두 수녀가 이 마카롱을 판매하며 생계를 유지했는데, 이 이야기가 퍼지면서 마카롱은 '신비롭고 신성한 과자'라는 별명을 얻게 되었습니다.

오늘날의 마카롱을
만든 사람은 누구?

지금 우리가 아는, 두 개의 쿠키 사이에 가나슈·크림·잼 등을 끼운 형태의 마카롱은 20세기 초 파리에서 탄생했습니다.
 프랑스 파리의 고급 티 살롱이자 디저트 하우스인 '라뒤레(Ladurée)'의 수석 파티시에였던 '피에르 데퐁탱(Pierre Desfontaines)'이 1930년경 처음으로 이 스타일을 고안했습니다.
그는 기존의 단일 쿠키 구조에 초콜릿 가나슈를 샌드하는 아이디어를 더해 오늘날의 마카롱 시초를 완성했습니다.

나라별로 다른
마카롱의 진화

마카롱은 세계 각지로 퍼져 나가면서 각 나라의 취향과 문화에 맞게 진화했습니다.

 한국에서는 크림과 토핑이 과하게 들어간 '뚱카롱'이 유행했으며, 디저트 카페 문화와 함께 SNS를 통해 폭발적인 인기를 얻었습니다.

일본에서는 섬세한 색감과 얇고 바삭한 질감, 고급스러운 포장으로 선물용 디저트로 자리 잡았습니다.

 미국에서는 비슷한 이름의 '*Macaroon*(마카룬)'이 더 흔한데, 이것은 아몬드 대신 코코넛을 베이스로 한 전혀 다른 쿠키입니다. 같은 이름이지만 전혀 다른 디저트라고 할 수 있습니다.

화려한 외모 뒤의
까다로운 성격

마카롱은 작고 귀여운 외모와 달리 만들기 매우 까다롭습니다.

 머랭의 농도, 마카로나주(반죽 치기), 오븐 온도, 숙성 시간 등 조금만 실수해도 겉이 갈라지거나 속이 비는 등 실패하기 쉽습니다.

특히 반질반질한 껍질('쉘')과 가운데 형성되는 동그란 테두리('풋/발' 또는 '피에')는 성공의 상징으로 여겨집니다.

 섬세한 마카롱 제작 기술은 예술에 가깝다고 평가되며, 제대로 만드는 제과사는 장인으로 인정받습니다.

영화와 패션 속
상징이 된 마카롱

마카롱은 문화적 상징이기도 합니다. 소피아 코폴라 감독의 영화 《마리 앙투아네트(2006)》에서는 귀족의 사치와 화려함을 상징하는 소품으로 자주 등장합니다. 이 영화에 등장하는 마카롱은 실제로 '라뒤레(*Ladurée*)'가 협찬한 제품입니다.

 또한 파스텔 톤의 아름다운 색감과 우아한 곡선의 조화는 패션, 일러스트, 테이블웨어, 생활 소품, 문구 디자인 등 다양한 분야에 영감을 주며, 오늘날에는 '예쁜 것'의 대명사로 자리매김하고 있습니다.

Strawberry Yogurt Cake

🔥 170˚C

🕐 25~28분

🔖 5~6개 보틀

신선한 딸기와 부드러운 요거트 크림이 어우러진 무스형 디저트입니다. 촉촉한 시트 사이로 상큼함과 달콤함이 조화롭게 어우러져 산뜻한 여운을 남깁니다.

02

딸기 요거트
보틀 케이크

✚ Ingredients

딸기	500g

【시트 만들기】

전란	130g
노른자	40g
설탕	80g
꿀	20g
박력 가루쌀	75g
옥수수 전분	15g
우유	25g
버터	15g

【요거트 크림】

생크림	450g
설탕	40g
요구르트 페이스트	40g
요거트 파우더	20g
키르시 또는 과일술	15g

【시럽】

설탕	50g
뜨거운 물	100g
키르시 또는 과일술	10g

✚ Preparation

1 시럽을 만들어 준비해 주세요.

※ 냄비에 물을 끓인 뒤 설탕을 넣어 완전히 녹입니다. 불을 끄고 한 김 식으면 술을 넣어 섞어 주세요.

2 딸기는 한 알을 세로로 2~3 등분으로 잘라 주세요.
3 틀에 유산지를 깔아 주세요.

1 전란에 설탕과 꿀을 넣고 중탕 볼에 올려 거품기로 천천히 저어가며 40℃까지 데워 주세요.

> tip 버터와 우유도 중탕 볼에 올려 따뜻하게 데워 주세요.

2 중탕 볼에서 내린 전란 반죽을 고속으로 휘핑해 주세요.

> tip 볼륨감이 생기고 미색이 되며 리본 자국이 3초 정도 유지되다 사라지면 휘핑을 멈춰 주세요.

> tip 고속 휘핑으로 생긴 기포를 저속으로 정리해 주지 않으면 시트를 구웠을 때 큰 구멍이 뚫린 거친 느낌의 시트가 만들어져요.

3 저속으로 1분 정도 돌려 기포를 정리해 주세요.

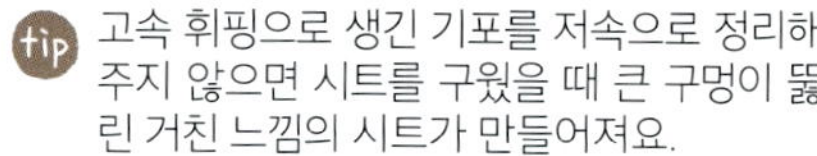

4 체 친 가루를 넣고 주걱을 세워 뒤집듯이 빠르게 섞어 주세요.

5 따뜻하게 데운 버터·우유 혼합물에 반죽을 조금 떠 넣어 섞은 뒤, 본 반죽에 다시 넣고 고루 섞어 주세요.

6 반죽을 틀에 붓고 바닥에 두세 번 가볍게 쳐 공기를 빼 준 뒤, 170℃에서 25~30분간 구워 주세요.

tip 식히는 동안 딸기를 씻은 후 키친타월에 올려 수분을 제거해 주세요.

7 오븐에서 꺼내어 뒤집어 식히고, 한 김 식으면 다시 뒤집어 두세요.

요거트 크림 만들기

1　생크림에 설탕, 요구르트 페이스트, 요거트 파우더, 키르시를 넣고 휘핑해 주세요.

2　크림이 묵직하게 되면 휘핑을 멈춰 주세요.

샌딩하기

1　완전히 식은 시트는 각봉을 대고 1cm 두께로 잘라 준비해 주세요.

> **tip** 보틀 케이크: 세척한 보틀을 시트에 눌러 모양을 내고, 시트가 부족하면 남은 시트를 모아 재단해 주세요.
> 미니 케이크: 사이즈에 맞는 무스링으로 재단하고, 무스링 내부에 무스띠를 두른 뒤 작업해 주세요.

2　시트를 보틀 안에 넣고 준비한 시럽을 발라 주세요.

3 짤주머니에 담은 크림을 얇게 짠 뒤, 옆면에 딸기 속이 보이도록 딸기를 넣어 주세요.
4 다진 딸기를 가운데에 넣고 크림을 짜 주세요.

5 시트의 지름을 보틀보다 1cm 작게 재단해 올리고 시럽을 발라주세요. (보틀의 높이에 맞춰 반복해 주세요.)

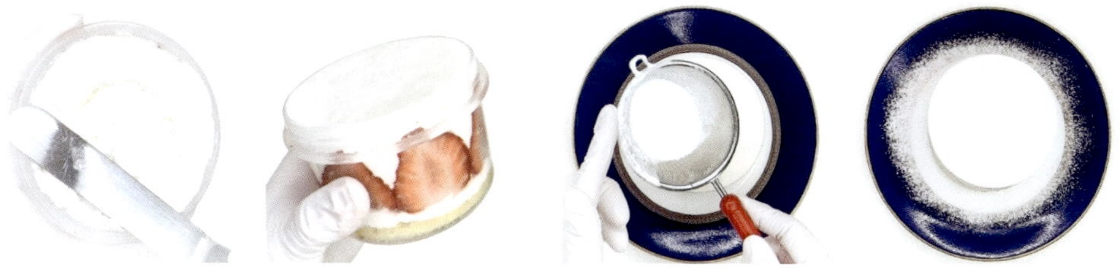

6 윗면에 크림을 평평하게 펴고 데코스노우, 슈거파우더 등을 뿌려 주세요.

> **tip** · 취향에 따라 미로와(과일에 바르면 윤기가 지속되는 시럽)를 바른 딸기, 금박 등을 올려 장식해 주세요.
> · 보틀 높이가 높을 경우, 시트와 딸기를 1~2단 더 넣어 층을 쌓아 주세요.

Peanut Cream Dacquoise

180˚C

12분

10개 분량

겉은 바삭하고 속은 부드러운 다쿠아즈 시트 사이에 고소한 땅콩 크림을 듬뿍 샌딩했습니다. 한입 베어 물면 땅콩의 식감과 고소한 크림이 어우러져 깊은 풍미를 느낄 수 있습니다.

03

땅콩 다쿠아즈

+ Ingredients

【다쿠아즈】
흰자	120g
난백 가루	5g
설탕	65g
슈거파우더	60g
아몬드 파우더	50g
땅콩 파우더	50g
박력 가루쌀	8g
바닐라 익스트랙	2g

【땅콩버터 크림】
노른자	40g
설탕	80g
물	20g
버터	120g
땅콩버터	60g
소금	1g

【데코용】
블루베리잼	약간
땅콩 분태	약간

> ※ 땅콩버터와 블루베리잼은
> '벨주르' 제품을 사용했어요.

+ Preparation

1 설탕과 난백 가루는 미리 섞어주세요.
2 데코용 땅콩 분태는 170℃에서 6~7분
정도 구워주세요.

▌다쿠아즈 만들기

1 흰자만 넣은 상태에서 10초 정도 중속으로 휘핑해 주세요.

> **tip** 처음에는 중속으로 약 15~20초간 휘핑하여 두 재료의 성질이 고르게 섞이게 해 주세요.
> (흰자는 수양난백인 '흐르는 성질의 흰자' 와 농후난백인 '점성이 높은 흰자'로 이루어져 있어요.)

2 설탕(+난백가루)을 3회에 나누어 넣으며 조밀하고 힘 있는 머랭을 만들어 주세요.

> **tip** 설탕을 넣은 후 저속으로 섞다가 중속으로 휘핑하는 과정을 반복, 모든 설탕을 넣은 뒤에는 중·고속으로
> 힘 있게 휘핑해 주세요. 처음부터 과도하게 고속 휘핑을 하면 머랭이 퍼석해집니다.

3 바닐라 익스트랙을 넣고 휘핑한 뒤, 마지막에는 저속으로 약 1분간 돌려 기포 정리를 해 주세요.

4 체 친 가루류를 3~4회에 나누어 넣으며 주걱 날을 세워 섞어주세요.

5 날가루가 보이지 않으면 반죽을 짤주머니에 담아 주세요.

> **tip** 과하게 섞으면 머랭이 꺼져 반죽이 묽게 퍼집니다. 날가루가 보이지 않으면 섞는 것을 멈춰 주세요.

6 테프론 시트 위에 물을 충분히 뿌린 틀을 올리고, 가운데를 통통하게
  짠 후 대각선 모서리를 잡고 천천히 올려 틀을 분리해 주세요.

> tip 바닥에서 살짝 띄운 상태로 힘을 균일하게 유지하여 짜 주세요.

7 울퉁불퉁한 부분은 숟가락 등으로 매끄럽게 정리해 주세요.
8 슈거파우더를 2회 뿌린 뒤 테프론 시트를 팬에 옮겨 주세요.

9 180℃에서 12~13분간 구움색을 보며 구운 뒤, 스크래퍼를 이용해 테프론 시트에서 분리해 주세요.

> tip 바닥면이 고르게 갈색이 나야 잘 구워진 것입니다. 색이 연하고 반죽이 매끄럽게 떨어지지 않으면 굽는
> 온도가 낮았거나 반죽에 문제가 있을 수 있어요.

▌땅콩버터 크림 만들기

1 냄비에 물과 설탕을 넣고 시럽을 끓여 주세요.

2 시럽 온도가 100℃를 넘으면 노른자를 중속으로 휘핑해 주세요.

3 시럽이 118℃가 되면 불에서 내리고, 휘핑 중인 노른자에 조금씩 흘려 넣으며 중속으로 휘핑해 주세요.

4 시럽을 모두 넣은 뒤에는 고속으로 휘핑해 주세요. 30℃ 이하로 식으며 미색으로 뽀얗게 될 때까지
   휘핑해 주세요.

5 소금을 넣고, 포마드 상태의 버터를 조금씩 넣어 가며 중속으로 휘핑해 주세요.

※ 레시피에 사용된 땅콩버터는 '벨주르 땅콩버터 크리미' 제품을 사용했어요.

6 매끄럽게 섞이면 땅콩버터를 넣고 섞어 짤주머니에 담아 주세요.

▌샌딩하기

  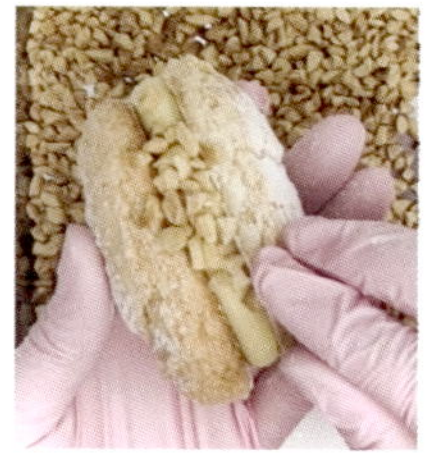 

1 지름 1cm 깍지를 이용해 다쿠아즈 한쪽 면에 크림을 짜 주세요.
2 다른 한쪽 면을 맞대고 크림 주변에 땅콩 분태를 묻혀 주세요.

tip 기호에 따라 테두리 부분만 크림을 짜고 가운데는 잼을 넣어도 맛있어요.
※ 레시피에 사용된 잼은 '벨주르 블루베리잼' 입니다.

Sweet Potato Christmas Cake

🔥 180˚C

🕐 13~15분

🎂 2호 틀 2개 (홍국 / 말차)

홍국 쌀가루와 말차 가루로 크리스마스 분위기를 담아냈습니다.
구운 고구마에 생크림과 우유를 더해 만든 달콤한 크림을 쌀 제누
아즈 사이에 샌드한 부드럽고 따뜻한 겨울 케이크입니다.

04 고구마 크리스마스 케이크

+ Ingredients

【케이크 시트 - 홍국】

전란	180g
설탕	85g
꿀	15g
박력 가루쌀	80g
옥수수 전분	30g
홍국 쌀가루	5g
버터	22g
우유	25g

【케이크 시트 - 말차】

전란	180g
설탕	85g
꿀	15g
박력 가루쌀	80g
옥수수 전분	30g
말차 가루	8g
버터	22g
우유	25g

※ 케이크 시트는 2호 케이크 1개 분량에서 두께 1cm 기준으로 4~5장 만들 수 있어요.
　(홍국, 말차 동일)

【고구마 크림】

구운(또는 찐) 고구마	200g
우유	75g
생크림 A	75g
설탕 A	20g
버터	15g

【생크림】

생크림 B	200g
설탕 B	20g

+ Preparation

1 2호 틀 2개를 준비해 주세요.

❙ 말차 시트 만들기

1 전란에 설탕과 꿀을 넣고 중탕 볼에 올려 40℃까지 데워 주세요.

> **tip** 버터와 우유도 중탕 볼에서 따뜻하게 데워 두세요.

2 '1'을 중탕에서 내려 고속으로 휘핑해 주세요.

> **tip** 볼륨감이 생기고 미색이 되며 리본 자국이 3초 정도 유지되면 멈춰 주세요.

3 저속으로 1분 정도 돌려 기포를 정리해 주세요.

4 체 친 가루를 넣고 주걱을 세워 뒤집어가며 빠르게 섞어 주세요.

5 버터+우유 혼합액에 반죽을 한 주걱 떠 넣어 섞은 후 본 반죽에 합쳐 고르게 섞어 주세요.

고구마 크리스마스 케이크

▌ 홍국 쌀 시트 만들기 (말차 시트와 동일)

6 전란에 설탕과 꿀을 넣고 중탕 볼에 올려 40℃까지 데워 주세요. (버터와 우유도 중탕 볼에 데워 두세요.)

7 '6'을 중탕에서 내려 고속으로 휘핑해 주세요.

8 저속으로 1분 정도 돌려 기포를 정리해 주세요.

9 홍국 쌀가루를 체 쳐 넣고 주걱을 세워 뒤집어가며 빠르게 섞어 주세요.

10 버터+우유 혼합액에 반죽을 한 주걱 떠 넣어 섞은 후 본 반죽에 합쳐 고르게 섞어 주세요.

11 '5'의 반죽과 '10'반죽을 각각 틀에 붓고 바닥에 두세 번 내리친 뒤 170℃에서 25~30분간 구워 주세요.

12 오븐에서 꺼내 즉시 뒤집어 식히고, 한 김 식으면 다시 뒤집어 두세요.

고구마 크림 만들기

1 구운 고구마, 생크림 A, 우유, 설탕 A를 냄비에 넣고 데워 주세요.

2 믹서로 곱게 갈아낸 뒤 주걱으로 저으며 끓여 주세요.

 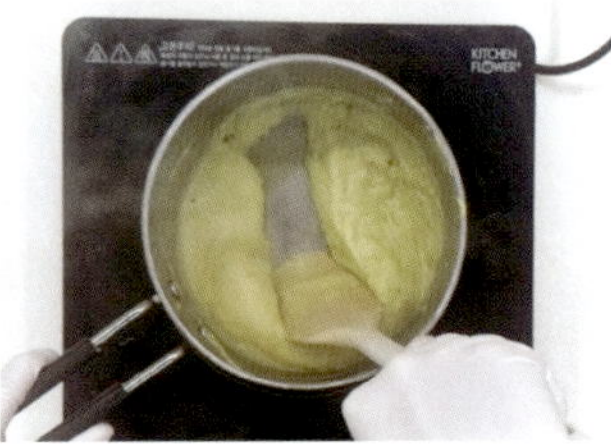 

3 약불에서 수분을 날려 농도를 맞춰 주세요.

4 불을 끄고 버터를 넣어 섞은 뒤 식혀 주세요.

> **tip** 급히 식힐 경우, 트레이에 평평하게 편 후 랩을 씌워 냉동실에 넣어 식혀 주세요.

생크림 만들기

1 생크림 B와 설탕 B를 넣고 단단하게 휘핑해 주세요.

▌ 샌딩하기

1 완전히 식은 시트를 1cm 두께로 잘라 준비해 주세요.

> tip 보틀 케이크를 만들 경우, 틀을 찍어 사용해 주세요.

2 자투리 시트는 푸드 프로세서에 갈아 고물로 준비해 주세요.

> tip 남은 시트는 냉동 보관하거나 고물로 만들어 밀폐 용기에 담아 두면 좋아요.

  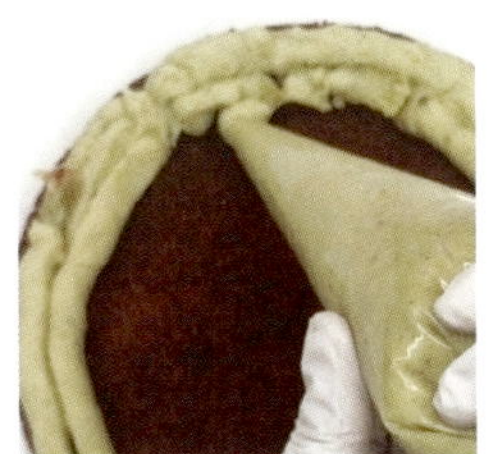 

3 홍국 시트를 깔고 시럽을 바른 뒤 짤주머니에 담은 고구마 크림을 짜 주세요.

> tip 고구마의 식감을 살리고 싶다면, 살짝 익힌 고구마를 큼직하게 잘라 크림 위에 올려 샌딩해도 좋아요.

4 말차 시트를 올리고 시럽을 바른 뒤 생크림을 짜 주세요.

5 홍국 시트를 다시 올린 뒤, 과정을 반복해 주세요.

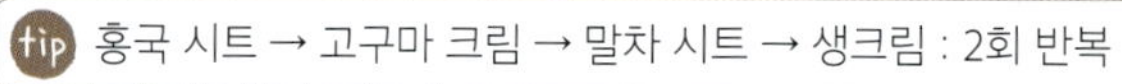

6 마지막으로 말차 시트를 올리고 시럽을 바른 후 생크림을 펴 발라 주세요.

7 윗면에 준비한 홍국 시트 고물을 올려 살짝 눌러 붙여 주세요.
8 테두리를 생크림으로 장식해 주세요.

Chocolate Castella

 180˚C / 150˚C

10분 / 50분

카스텔라 1개분
(20X10X10cm)

박력 가루쌀을 사용해 부드럽고 폭신한 초콜릿 시트를 완성했습니다. 입안에서 사르르 녹는 질감과 차분한 단맛, 진한 카카오 향의 풍미가 어우러져 언제 즐겨도 질리지 않는 클래식한 디저트입니다.

05 초콜릿 카스텔라

+ Ingredients · · · · · · · · · ·

전란	180g
노른자	60g
설탕	130g
꿀	30g
박력 가루쌀	80g
옥수수 전분	25g
버터	25g
우유	40g
코코아 가루	20g

+ Preparation · · · · · · · · · ·

1 오븐은 190℃로 예열해 주세요.
2 테프론 시트에 기름을 바르고 닦아
   두세요.
3 유산지는 틀에 맞게 재단해 두세요.

▌카스텔라 만들기

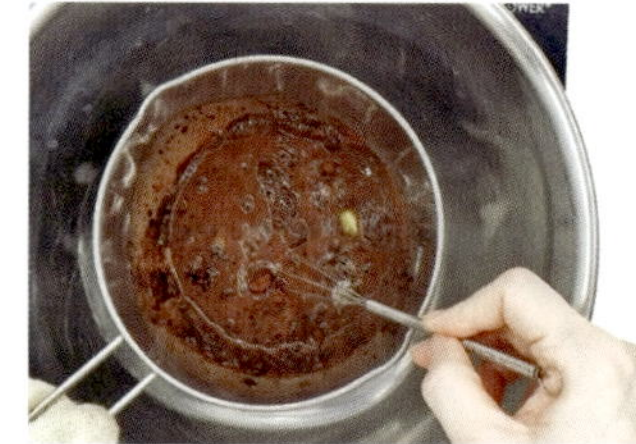

1 버터, 우유, 코코아 가루를 중탕볼에 녹여 주세요.

> **tip** 반죽에 넣을 때 온도는 약 50℃

2 전란과 노른자에 설탕, 꿀을 넣고 중탕볼에 올려 휘핑하며 38~40℃까지 올려 주세요.

3 중탕볼에서 내려 고속으로 휘핑해 주세요. (반죽 자국이 약 3초 유지될 정도)

4 저속으로 1~2분간 천천히 돌려 기포를 정리해 주세요.

5 가루쌀과 전분을 체 쳐 넣고 주걱 날을 세워 빠르게 섞어 주세요.

  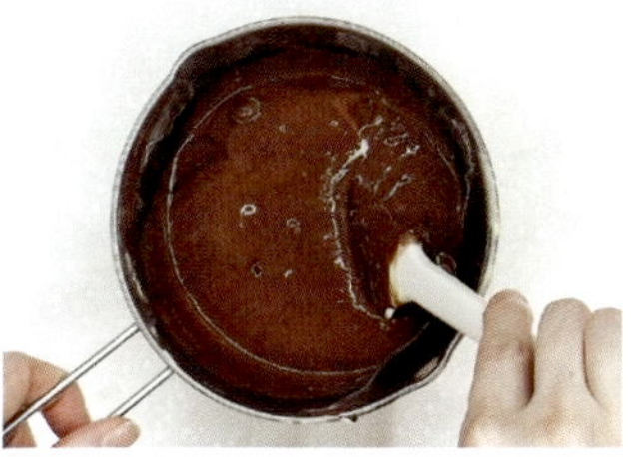

6 녹여 둔 버터·우유·코코아 가루에 ⑤ 반죽을 2주걱 정도 넣어 섞은 후 본 반죽에 다시 넣고 섞어 주세요.

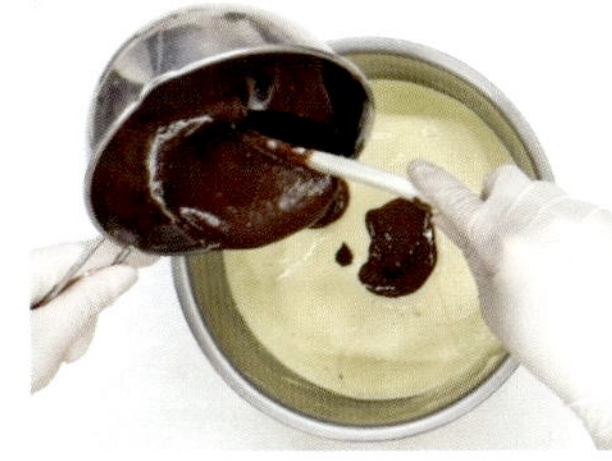  

7 본 반죽을 주걱으로 뒤엎어가며 고르게 섞어 주세요.

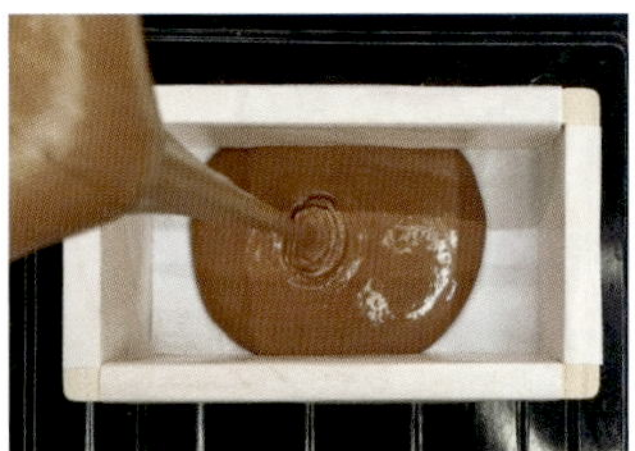  

8 반죽의 비중을 확인해 주세요. (적정 비중 0.5 ± 0.02)
※ 0.45 미만이면 오븐에서 부풀다가 꺼지고, 0.7 내외면 묵직한 카스텔라가 됩니다.

> **tip 비중이란?**
>
> 비중은 기준 물질인 물의 밀도에 대한 상대적 비율을 말합니다.
> 물과 비교해 반죽의 무게를 측정하며, 보통 카스텔라는 0.5 내외의 비중이 적당합니다.
>
> ※비중 재는 법 [반죽 무게 ÷ 물 무게 = 비중]
>
> 예 : 반죽 무게 75g ÷ 물 무게 150g = 0.5 / 비중은 0.5
>
> (1) 비중컵을 저울에 올려 영점을 맞춘 뒤 물을 가득 담아 무게를 잽니다. (물 무게)
> (2) 같은 컵에 반죽을 가득 담아 무게를 잽니다. (반죽 무게)

9 반죽을 틀의 80% 정도 팬닝한 후 젓가락으로 바닥까지 저어 기포를 빼 주세요.

> **tip** 취향에 따라 틀 바닥에 크리스탈 슈거를 뿌려도 좋아요.

10 예열된 오븐에 넣고 180℃에서 10분간 구운 뒤 150℃로 낮춰 30분 더 구워 주세요.

> **tip** 오븐에 따라 덜 익으면 150℃에서 구움색과 표면 상태를 확인하며 10~15분간 더 구워 주세요.

11 구운 카스텔라는 기름을 바른 테프론 시트 위에 뒤집어 식힘 망에 올려 한 김 식혀 주세요.

초콜릿 카스텔라

유럽에서 온
달콤한 역사

16세기, 포르투갈 선교사들이 일본 나가사키에 도착하면서 '카스텔라'라는 새로운 디저트와 향신료가 일본에 전해졌습니다. 당시 일본에는 오븐이나 제과 문화가 거의 없었기에, 밀가루·설탕·달걀·꿀로 만든 부드러운 케이크는 단순한 음식이 아니라 커다란 충격이었습니다.

 원래 이 케이크의 이름은 *Pão de Castela*(빵 드 카스텔라), 즉 '카스티야의 빵'이었습니다. 스페인 카스티야 지방에서 유래했거나 그 지역의 스타일을 따라 만든 것으로 전해지며, 이탈리아·스페인·포르투갈을 잇는 지중해 문화권의 영향을 받은 음식으로도 볼 수 있습니다.

일본식으로 진화한
카스텔라

당시 일본은 설탕이 귀했기 때문에, 달콤한 케이크는 일반인보다는 사무라이, 다이묘, 막부 고위층에게 바치는 고급 선물이었습니다. 나가사키에서 가장 먼저 퍼졌고, 이후 화덕을 이용해 현지에서도 서서히 만들어지기 시작했습니다.

 에도 시대에 들어 일본은 쇄국정책을 시행했지만, 카스텔라는 예외적으로 계속 만들어졌습니다. 이 과정에서 일본의 기호와 조리 방식에 맞게 레시피가 변화했으며, 특징은 다음과 같습니다.

・촉촉하고 부드러운 식감
・갈색으로 구워진 윗면
・바닥에 설탕 결정(자당)이 남아 있는 구조

 자당은 오븐에서 케이크 바닥에 가라앉아, 한입 베어 물었을 때 마지막까지 달콤함을 남기는 포인트가 됩니다. 지금도 나가사키에서는 이러한 전통을 살린 카스텔라를 만들며, 대표적인 관광 기념품으로 자리 잡고 있습니다.

카스텔라가 바꾼
일본의 제과 문화

카스텔라의 등장은 일본 제과 문화에 큰 변화를 가져왔습니다. 전통 화과자뿐만 아니라 서양식 베이킹의 가능성을 열었고, 이후 메이지 유신을 거치며 스펀지케이크, 파운드케이크, 버터쿠키 등 다양한 디저트가 도입되었습니다.

특히 카스텔라는 서양식이면서도 일본인의 기호에 맞는 차분한 단맛과 부드러운 질감을 지녔기 때문에, 일본화된 서양 디저트로 오랫동안 자리 잡았습니다. 현재도 전통 제과점뿐 아니라 백화점과 편의점에서도 쉽게 찾아볼 수 있습니다.

일본을 거쳐
한국과 대만으로

한국에서는 일제강점기 시절 'カステラ(카스테라)'가 소개되어 '카스텔라'라는 이름으로 정착했습니다. 이후 대만식 카스텔라가 유행하면서 '큼직하고 폭신한 직사각형 케이크'가 인기를 끌었습니다. 대만 카스텔라는 일본식보다 더 폭신하며, 우유와 식용유를 넣어 한층 부드러운 맛을 냅니다.

이렇게 카스텔라는 유럽에서 시작해 일본을 거쳐 한국과 대만으로 퍼지며, 각 나라의 개성을 담은 세계적인 디저트로 발전해 왔습니다.

Rice Syrup Strawberry Jam

30분~40분

1개 병 분량

잘 익은 딸기의 상큼한 맛에 라이스 시럽(쌀조청) 특유의 은은하고 깊은 단맛을 더했습니다. 설탕으로 만든 잼과는 다른 부드러운 맛의 딸기잼입니다.

라이스 시럽(쌀 조청) 딸기잼

✚ Ingredients · · · · · · · · · · ·

냉동 딸기	200g
라즈베리 퓌레	40g
라이스 시럽(쌀 조청)	130g
소금	한 꼬집
레몬즙	10g
키르시(체리 술)	20g
펙틴	1g

✚ Preparation · · · · · · · · · · ·

유리병 소독

냄비에 병이 잠길 만큼 물을 넣고 물이 끓으면 병을 굴려가며 30초이상 삶은 뒤 꺼내 물기가 없도록 완전히 말려 주세요.

조청 딸기잼 만들기

1 레몬즙과 키르시(체리술)을 제외한 모든 재료를 냄비에 넣어 주세요.
2 약불에서 조청이 부드럽게 녹도록 데워 주세요.

> **tip** 중간중간 무게를 확인할 수 있도록 저울을 옆에 두고 작업해 주세요.

3 재료가 끓기 시작하면 주걱으로 저어 주세요.
4 냄비 벽을 따라 주걱으로 딸기를 으깨 주세요.

> **tip** 알갱이 없이 매끈한 잼을 원하면 이때 푸드 프로세서로 곱게 갈
> 아 주세요.

 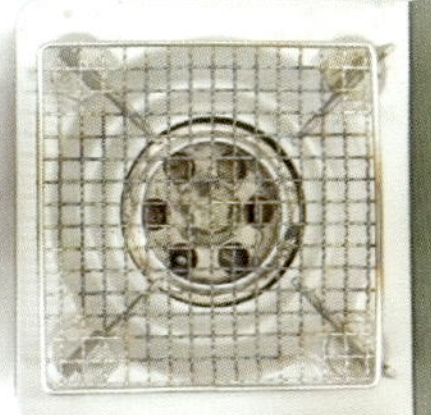 

5 증발한 수분량을 무게로 확인해 주세요. (저울을 옆에 두고 수시로 무게를 확인해 주세요.)

> tip · 사용하려는 냄비의 빈 무게를 먼저 기록합니다. 예 : 냄비 440g
>
> · 모든 재료를 넣은 뒤의 총무게를 측정합니다. 예 : 재료 합 352g → 총 792g
>
> · 총량의 30% (352g × 0.30 = 약 105g)가
>   줄어들 때까지 졸이면 적절한 농도의 잼이 됩니다. 예 : 792g - 105g = 686g
>
> · 적절한 농도의 최종 무게는 686g입니다.

6 적정 농도에 이르면 레몬즙과 키르시를 넣고 약불에서 조금 더 끓인 뒤 무게를 다시 확인해 주세요.

> tip 주걱으로 바닥을 긁었을 때 2~3초 정도 자국이 유지되면 적당합니다.

7 소독해 말려 둔 병에 뜨거운 잼을 담고 즉시 뚜껑을 닫아 밀봉해 주세요.

조상의 지혜가 담긴
자연 발효당

삼국 시대 이전부터 우리 민족이 만들어 먹은 전통 당류인 쌀조청은 설탕이나 물엿처럼 정제된 당이 아니라 곡물에서 추출한 자연 발효당입니다.

쌀 속 전분이 엿기름의 효소(아밀라아제)에 의해 당으로 분해되면서 단맛을 내는 원리이며, 묵직하고 은은한 단맛이 특징입니다.

고려·조선 시대에는 귀한 손님을 접대하거나 제사상, 명절 음식에 반드시 올리던 특별한 재료였습니다.

'정성'의 단맛
'어머니'의 손맛

전통 방식의 조청은 하루 정도 천천히 고아 만들며, 급히 만들 수 없다는 점에서 시간이 곧 재료가 되는 요리라고 할 수 있습니다. 그렇게 만들어진 쌀조청은 부드럽고 은은한 여운을 남겨 옛 어머니의 손맛을 떠올리게 합니다.

또한 본 도서에서 소개한 것처럼 쌀조청을 잼에 활용하면 설탕의 날카로운 단맛 대신 쌀조청 특유의 부드럽고 밀도 높은 단맛이 과일의 산미를 한층 더 살려줍니다.

건강한 단맛으로
주목받는 쌀조청

쌀조청은 설탕보다 혈당 지수가 낮고 포만감을 오래 유지시켜 주며, 무기질과 미량 영양소가 풍부합니다.

최근에는 자연식·채식·키즈 레시피뿐만 아니라 글루텐 프리·비건 레시피에 적합한 감미료로 다시 주목받고 있습니다.
또한 기존의 조청을 다양하게 활용할 수 있도록 성분과 농도를 조절해 제조하기도 합니다.

※ 라이스컴퍼니에서 판매하는 **쌀조청잼**은 **평택 쌀과 효소**로 건강하게 발효하여 잼 제조에 사용하고 있습니다.

레브젠 42리터 컨벡션 전기오븐

RK40P

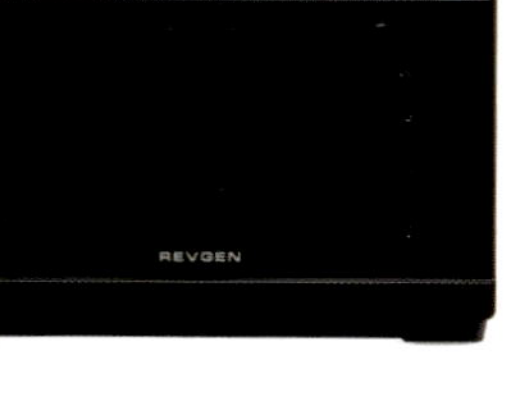

 열풍 컨벡션
 상하열선
 3단
  디지털 컨트롤

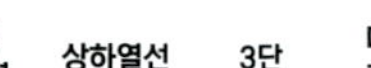

레브젠 6리터 스탠드믹서

RK90ST

 6 6리터 볼용량
 AI 알루미늄 바디
 8 8단계 속도
 SUS 304 스텐 구성품

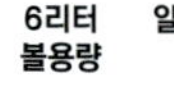 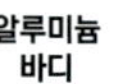 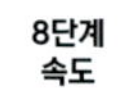

레브젠 300W 핸드믹서

RHM101

 300W 모터
 5단계 속도
  순간 터보
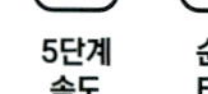 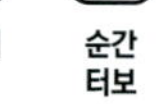 육면체 바디

(주)레브젠코리아 | 문의전화 070-4278-3006 | www.revgen.co.kr

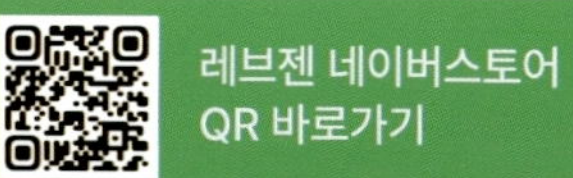

경연대회
쌀베이킹 콘테스트
떡디저트 콘테스트

관련전시
베이킹관련 학과 및 관련 기업

경기미
쌀디저트
페스타

먹을거리
쌀 베이커리 판매전 / 떡 디저트 판매전
G카페테리아

즐길거리
아트케익전시전 / 생일파티룸 포토존
쌀 캐릭터 쿠키, 떡카롱 체험

홈페이지 : www.ricedessertfesta.com · 문의 : 031-774-3312

주최

경기도
GYEONGGI-DO
주관

사)도·농문화콘텐츠연구회